数控机床编程与操作
（第 2 版）

主 编 余 娟 刘凤景 李爱莲
副主编 赵 明 李东福 韩秋燕
参 编 王玉婷 徐善崇 钟少菡

北京理工大学出版社
BEIJING INSTITUTE OF TECHNOLOGY PRESS

内 容 简 介

本书以"工作任务"为导向,模拟职业岗位要求,重点突出与技能相关的必备专业知识,理论知识以实用、够用为度,将数控车、铣加工工艺和程序编制方法等专业技术融合到实训操作中,充分体现了"教—学—做"一体化的项目式教学特色,让学生边学习理论知识边进行实训操作,以加强感性认识。

本书按照学生的学习规律,从易到难,在"项目"的引领下介绍完成该任务所需的理论知识和实操技能,内容包括:数控车削基本认知与操作、简单轴类零件的数控车削编程与加工、槽的数控车削编程与加工、盘套类零件的数控车削编程与加工、螺纹的数控车削编程与加工、数控铣削基本认知与操作、平面轮廓类零件的数控铣削编程与加工、型腔类零件的数控铣削编程与加工、孔和螺纹的数控铣削编程与加工、曲面的数控铣削编程与加工。

本书可作为高等职业院校、高等专科院校、成人高校、函授大学、电视大学、民办高校数控技术、模具设计与制造、机械制造与自动化、机电一体化等机械相关专业师生的教材,还可供机械制造行业的工程技术人员参考使用。

图书在版编目(CIP)数据

数控机床编程与操作 / 余娟, 刘凤景, 李爱莲主编
. -- 2 版. -- 北京:北京理工大学出版社,2021.7
ISBN 978 - 7 - 5763 - 0025 - 3

Ⅰ. ①数… Ⅱ. ①余… ②刘… ③李… Ⅲ. ①数控机床 – 程序设计 – 教材②数控机床 – 操作 – 教材 Ⅳ.
①TG659

中国版本图书馆 CIP 数据核字(2021)第 136371 号

出版发行 / 北京理工大学出版社有限责任公司
社　　址 / 北京市海淀区中关村南大街 5 号
邮　　编 / 100081
电　　话 / (010)68914775(总编室)
　　　　　(010)82562903(教材售后服务热线)
　　　　　(010)68944723(其他图书服务热线)
网　　址 / http://www.bitpress.com.cn
经　　销 / 全国各地新华书店
印　　刷 / 涿州市新华印刷有限公司
开　　本 / 787 毫米 × 1092 毫米　1/16
印　　张 / 16.75
字　　数 / 391 千字
版　　次 / 2021 年 7 月第 2 版　2021 年 7 月第 1 次印刷
定　　价 / 69.00 元

责任编辑 / 封　雪
文案编辑 / 封　雪
责任校对 / 刘亚男
责任印制 / 李志强

前　言

数控机床编程与操作是数控技术高技能人才必须要掌握的技能，也是高职数控类、机电类专业的一门重要的专业核心课。

作者于2017年编写的《数控机床编程与操作》一书，自出版以来，受到了众多高职高专院校的欢迎。为了更好地满足广大高职高专院校的学生对数控机床编程与操作知识技能学习需求，作者结合近几年的教学改革实践和广大读者的反馈意见，在保留原书特色的基础上，对本书进行了修订。这次修订的主要内容如下。

◆ 对本书第1版中部分任务存在的一些问题进行了校正和修改；

◆ 响应教育部"学历证书＋若干职业技能等级证书"（1＋X证书）制度试点工作，对接《数控车铣加工职业技能等级标准》，修订部分知识内容及标准要求；

◆ 增加知识点、技能点讲解以及大国工匠相关视频微课，读者可以用手机直接扫描教材中相关知识点的二维码，在手机端观看教学视频。

在本书的修订过程中，作者始终贯彻以源于企业的典型案例为载体，采用任务教学的方式组织内容的思想，重点突出与技能相关的必备专业知识，理论知识以实用、够用为度，将数控车、铣工艺、编程及操作融为一体。修订后的教材，内容比以前更具针对性和实用性，内容叙述更加准确、通俗易懂和简明扼要，更有利于教师教学和读者自学。

本书注重教材的先进性、通用性、实践性，融理论教学、实践操作、企业项目为一体，是职业技术院校数控技术专业、机电一体化专业、模具等机电系列同类专业的实用型教材，还可供机械制造行业的工程技术人员参考使用。

本书由烟台汽车工程职业学院余娟、刘凤景、李爱莲主编，赵明、李东福、韩秋燕任副主编。其中项目一、二、六由李东福老师编写；项目三、四、五由余娟老师编写；项目七、八由刘凤景老师编写；项目九、十由赵明老师编写。本书由余娟、韩秋燕统稿；娄镜浩等企业专家为本书后期成稿给予了很大的帮助。在评稿会上，烟台环球数控机床有限公司、斗山工程机械中国有限公司、上海通用东岳动力总成有限公司的领导、技术人员给予了大力支持和帮助，在此表示衷心感谢。

由于编者水平有限，书中疏漏在所难免，恳请广大读者批评指正。

编　者

2021年3月

目　录

项目一　数控车削基本认知与操作

 学习情境

机械产品日趋精密、复杂，改型也日益频繁，这对机床的性能、精度、自动化程度等提出了越来越高的要求。

在机械制造行业中，单件、小批量生产的零件占机械加工总量的70%～80%。为满足多品种、小批量，特别是结构复杂、精度要求高的零件的自动化生产，迫切需要一种灵活的、通用的、能够适合产品频繁变化的"柔性"自动化机床——数控机床。

普通车削加工是操作工人根据工艺人员制定的工艺规程加工工件，但具体工步的划分、走刀路线、切削用量的选择、刀具的选择很大程度上是由操作工人根据经验来决定的。而数控机床按照事先编好的程序来加工工件，程序中包括所有的工艺信息及对机床的各种操作。这就要求编程人员在编程前要对加工零件进行工艺分析，并把加工零件的全部工艺过程、工艺参数、刀具参数、切削用量和位移参数等编制成程序，以数字信息的形式存储在数控系统的存储器内，以此来控制数控机床进行加工。

【知识目标】

◇　了解数控机床的产生与发展；

◇　了解数控机床的组成、分类及特点；

◇　详细了解数控机床的安全操作规程与维护；

◇　掌握数控机床坐标系、编程坐标系的确定；

◇　掌握编程的格式及特殊功能字、辅助功能字的使用；

◇　掌握绝对坐标、增量坐标的区别及其使用；

◇　了解数控编程的特点。

【能力目标】

◇　认识数控机床的系统界面，熟练掌握数控机床的基本操作；

◇　牢记数控机床的安全操作规程；

◇　能分析编程格式的正确性，并能理解各功能字的含义；

◇　培养分析问题、解决问题的能力；

◇　能运用所学知识合理地确定数控加工工艺；

◇　能编写刀具卡、工序卡等数控加工工艺文件。

榜样故事1
两个数控冠军的诞生

【思政目标】

◇ 培养学生发现问题解决问题，团队协作，提炼总结，科学合理制定、实施工作计划的能力；

◇ 培养学生具备良好的心理素质和克服困难的能力；

◇ 培养学生进行自我批评和自我检查的能力。

任务一　数控机床的基本认知与操作

任务描述

了解图1-1所示数控机床的基本组成和操作。

图1-1　数控机床

任务分析

1. 数控机床基础知识

（1）什么是数控机床？

（2）简述数控机床的产生与发展趋势。

（3）简述数控机床的组成与分类。

2. 数控机床的操作

（1）数控机床的安全操作规程是什么？如何进行维护和保养？

（2）简述数控机床面板功能。

相关知识

（一）数控的基本定义

数控技术是 20 世纪 40 年代后期发展起来的一种自动化加工技术，它综合了计算机、自动控制、电动机、电气传动、测量、监控和机械制造等学科的内容，目前在机械制造业中已得到广泛应用。

视频 1-1-1：数控机床的产生及发展

（1）数字控制（Numerical Control）：一种用数字化信号对控制对象（如机床的运动及其加工过程）进行自动控制的技术，简称数控（NC）。

（2）数控技术：用数字、字母和符号对某一工作过程进行可编程自动控制的技术。

（3）数控系统：实现数控技术相关功能的软、硬件模块的有机集成系统，是数控技术的载体。

（4）数控机床（NC Machine）：应用数控技术对加工过程进行控制的机床，或者说是装备了数控系统的机床。

（二）数控机床的组成及分类

1. 数控机床的控制原理

数控机床使用数字化的信息来实现自动控制。将与加工零件有关的信息，如工件与刀具相对运动轨迹的尺寸参数（进给尺寸）、切削加工的工艺参数（主运动和进给运动的速度、切削深度）、各种辅助操作（变速、换刀、冷却润滑、工件夹紧松开）用规定的文字、数字和字符组成代码，按一定的格式编写成加工程序单（数字化），将加工程序输入数控装置，由数控装置经过分析处理后，发出与加工程序相对应的信号和指令，控制机床进行自动加工。

视频 1-1-2：数控机床的组成及工作原理

2. 数控机床的组成

数控机床是由数控程序及存储介质、输入/输出设备、计算机数控装置、伺服系统、机床本体组成的。

1）输入装置

数控加工程序可通过键盘，用手工方式直接输入数控系统；还可由编程计算机用 RS232 进行零件加工程序输入。有两种不同的调用方式：一种是边读入边加工；另一种是一次将零件加工程序全部读入数控装置内部的存储器，加工时再从存储器中逐段调出进行加工。

2）数控装置

数控装置是数控机床的中枢。数控装置从内部存储器中取出或接收输入装置送来的一段或几段数控加工程序，经过它的逻辑电路或系统软件进行编译、运算和逻辑处理后，输出各种控制信息和指令，控制机床各部分的工作，使其进行规定的有序运动和动作。

3）驱动和检测装置

驱动装置接收来自数控装置的指令信息，经功率放大后，严格按照指令信息的要求驱动机床的移动部件，以加工出符合图样要求的零件。驱动装置包括控制器（含功率放大器）和检测装置，检测装置将数控机床各坐标轴的实际位移量检测出来，经反馈系统输入机床的数控装置；数控装置将反馈回来的实际位移量值与设定值进行比较，控制驱动装置按指令设定值运动。

4）辅助控制装置

辅助控制装置的主要作用是接收数控装置输出的开关量指令信号，经过编译、逻辑判别和运算，再经功率放大后驱动相应的电器，带动机床的机械、液压、气动等辅助装置完成指令规定的开关量动作。这些控制包括主轴运动部件的变速、换向和启停指令，刀具的选择和交换指令，冷却、润滑装置的启停，工件和机床部件的松开、夹紧，分度工作台转位分度等开关辅助动作。

5）机床本体

数控机床的机床本体与传统机床相似，由主轴传动装置、进给传动装置、床身、工作台、辅助运动装置、液压气动系统、润滑系统及冷却装置等组成。

3. 数控机床的特点及分类

1）数控机床加工的特点

①自动化程度高，具有很高的生产效率。除手工装夹毛坯外，其余全部加工过程都可由数控机床自动完成。若配合自动装卸手段，则是无人控制工厂的基本组成环节。数控加工减轻了操作者的劳动强度，改善了劳动条件，省去了划线、多次装夹定位、检测等工序及其辅助操作，有效地提高了生产效率。

视频 1 - 1 - 3：数控车床的分类及特点

②对加工对象的适应性强。改变加工对象时，除了更换刀具和解决毛坯装夹方式外，只需重新编程，不需要做其他任何复杂的调整，从而缩短了生产准备周期。

③加工精度高，质量稳定。加工尺寸精度为 0.005 ~ 0.01 mm，不受零件复杂程度的影响。由于大部分操作都由机器自动完成，因而消除了人为误差，提高了批量零件尺寸的一致性，同时精密控制的机床上还采用了位置检测装置，更加提高了数控加工的精度。

④易于建立与计算机间的通信联络，容易实现群控。机床采用数字信息控制，易于与计算机辅助设计系统连接，形成 CAD/CAM 一体化系统，并且可以建立各机床间的联系，容易实现群控。

2）数控机床的分类

（1）按加工方式和工艺用途分类。

①普通数控机床。有车、铣、钻、镗、磨床等，并且每一类中又有很多品种。这类机床的工艺性能和通用机床相似，所不同的是它能加工具有复杂形状的零件，如数控车床、数控铣床、数控磨床等。

②加工中心机床。这是一种在普通数控机床上加装一个刀具库和自动换刀装置而构成的数控机床。它和普通数控机床的区别是：工件经一次装夹后，数控系统能控制机床自动地更换刀具，连续自动地对工件各加工面进行铣、车、镗、钻、铰、攻螺纹等多工序加工，故此，有些资料上又称它为多工序数控机床，如（镗铣类）加工中心、车削中心、钻削中心等。

③金属成形类数控机床。这类机床有数控冲床、数控折弯机、数控弯管机、数控回转头压力机等。

④数控特种加工机床。这类机床有数控线切割机床、数控电火花加工机床、数控激光加工机床等。

⑤其他类型的数控机床。这类机床有数控装配机、数控三坐标测量机等。

（2）按运功方式分类。

①点位控制数控机床。如图 1-2 所示，点位控制是指数控系统只控制刀具或工作台从一点移至另一点的准确定位，然后进行定点加工，而点与点之间的路径不需控制。采用这类控制的有数控钻床、数控镗床和数控坐标镗床等。

②点位直线控制数控机床。如图 1-3 所示，点位直线控制指数控系统除控制直线轨迹的起点和终点的准确定位外，还要控制在这两点之间以指定的进给速度进行直线切削。采用这类控制的有数控铣床、数控车床和数控磨床等。

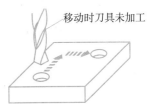

图 1-2　点位控制

③轮廓控制数控机床。如图 1-4 所示，亦称连续轨迹控制，它能够连续控制两个或两个以上坐标方向的联合运动。为了使刀具能按规定的轨迹加工工件的曲线轮廓，数控装置具有插补运算的功能，使刀具的运动轨迹以最小的误差逼近规定的轮廓曲线，并协调各坐标方向的运动速度，以便在切削过程中始终保持规定的进给速度。采用这类控制的有数控铣床、数控车床、数控磨床和加工中心等。

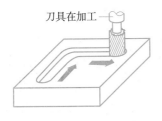

图 1-3　点位直线控制

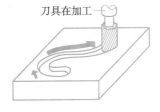

图 1-4　轮廓控制

（3）按控制方式分类。

①开环控制系统。开环控制系统是指不带反馈装置的控制系统，由步进电动机驱动线路和步进电动机组成，如图 1-5 所示。数控装置经过控制运算发出脉冲信号，每一脉冲信号使步进电动机转动一定的角度，通过滚珠丝杠推动工作台移动一定的距离。

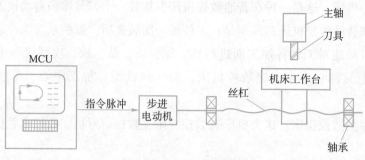

图1-5 开环控制系统

这种伺服机构比较简单，工作稳定，容易掌握使用，但精度和速度的提高会受到限制，多应用于经济型数控和对旧机床的改造上。

②半闭环控制系统。如图1-6所示，半闭环控制系统是指在开环控制系统的伺服机构中安装了角位移检测装置，通过检测伺服机构的滚珠丝杠转角间接检测移动部件的位移，然后反馈到数控装置的比较器中，与输入原指令位移值进行比较，用比较后的差值进行控制，使移动部件补充位移，直到差值消除为止的控制系统。

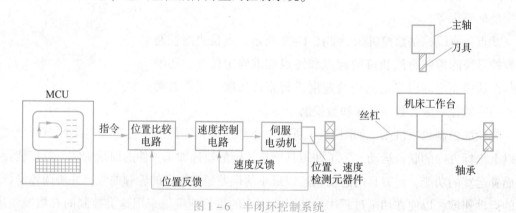

图1-6 半闭环控制系统

这种伺服机构所能达到的精度、速度和动态特性优于开环伺服机构，为大多数中小型数控机床所采用，配备精密滚珠丝杠的半闭环控制系统应用广泛。

③闭环控制系统。如图1-7所示，闭环控制系统是指在机床移动部件位置上直接装有直线位置检测装置，将检测到的实际位移反馈到数控装置的比较器中，与输入的原指令位移值进行比较，用比较后的差值控制移动部件做补充位移，直到差值消除时才停止移动，从而达到精确定位的控制系统。

闭环控制系统的定位精度高于半闭环控制系统，但结构比较复杂，调试维修的难度较大，常用于高精度和大型数控机床，主要用于一些精度要求很高的镗铣床、超精车床、超精铣床等。

（4）按联动轴数分类。

①两轴联动。数控机床能同时控制两个坐标轴联动，适用于在数控车床加工旋转曲面或在数控铣床铣削平面轮廓，如图1-8所示。

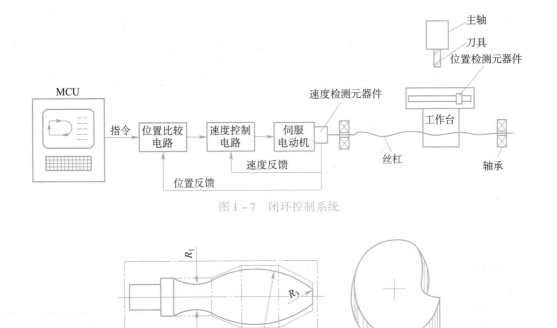

图 1 – 7　闭环控制系统

图 1 – 8　两轴联动

②两轴半联动。在两轴的基础上增加了 Z 轴的移动，当机床坐标系的 X、Y 轴固定时，Z 轴可以做周期性进给。两轴半联动加工可以实现分层加工，如图 1 – 9 所示。

③三轴联动。数控机床能同时控制三个坐标轴的联动，用于一般曲面的加工，一般的型腔模具均可以用三轴加工完成，如图 1 – 10 所示。

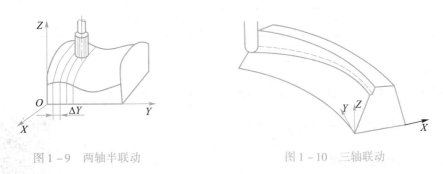

图 1 – 9　两轴半联动　　　　　　　　　　图 1 – 10　三轴联动

④四轴联动指同时控制四个坐标轴运动，即在三个坐标之外，再加一个旋转坐标，如图 1 – 11 所示。

⑤多轴联动。数控机床能同时控制四个以上坐标轴的联动。多坐标数控机床的结构复杂、精度要求高、程序编制复杂，适用于加工形状复杂的零件，如叶轮叶片类零件，如图 1 – 12 所示。

通常三轴机床可以实现二轴、二轴半、三轴加工；五轴机床也可以只用三轴联动加工，而其他两轴不联动。

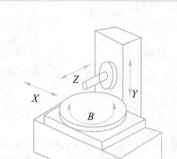

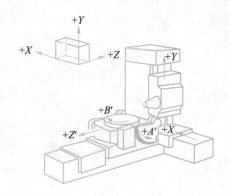

图 1 - 11　四轴联动　　　　　　　图 1 - 12　多轴联动

（5）按数控系统功能水平分类。

数控机床按数控系统功能水平可分为低、中、高三档，如表 1 - 1 所示。

表 1 - 1　低、中、高档数控系统功能水平指标

功能	低档	中档	高档
分辨率/μm	10	1	0.1
进给速度/(m·min⁻¹)	8 ~ 15	15 ~ 24	15 ~ 100
伺服类型	开环	半闭环或闭环直流或交流伺服系统	
驱动轴数（轴）	2 ~ 3	2 ~ 4	3 ~ 5 以上
通信功能	一般无	RS232 或 DNC 接口	可有 MAP 通信接口，有联网能力
内装 PLC	无	有	有强功能的 PLC
主 CPU	8 位、16 位	32 位或 32 位以上的多 CPU	

（6）按控制系统分类。

目前市面上占有率较大的有法拉克、华中、广数、西门子、三菱等。

（三）数控机床的安全操作规程与维护

1. 数控机床的操作规程

（1）实习学生必须在指导教师的许可下启动机床，输入程序，加
工零件。

视频 1 - 1 - 4：数控
车床安全操作
规程及维护保养

（2）严禁湿手触摸操作面板，严禁戴手套操作设备。

（3）机床周围应保持干净，不得使用压缩空气清理机床及环境。

（4）电器出现故障应由专业电器维修人员及时修理。

（5）开机时，先打开机床总电源，再打开操作面板的系统电源，最后启动液压系统。

（6）机床开启后，首先将方式选择开关置于 REF/RTN 位置，按下 + X、+ Z 方向的按

钮，使机床返回参考点，建立机床坐标系。

（7）操作前应认真检查加工程序，确保程序正确无误，检查工作坐标系建立是否正确。

（8）在加工过程中不得随意打开防护门，以免发生危险。

（9）机床出现异常或可能发生危险时，应立即按下急停按钮，并报告指导教师。

（10）清理铁屑时一定要先停机，不能用手清理残留在刀盘里及掉入排屑装置里的铁屑。

（11）正确装夹刀具，装夹刀具时必须停止主轴转动及各轴进给，以防刀具和床身、拖板、防护罩、尾座等发生碰撞。

（12）工作结束后，应先关闭系统电源，再关闭机床总电源。

（13）清理机床及环境卫生，做好机床保养工作。

2. 机床维修保养规范

（1）保持工作范围的清洁，使机床周围保持干燥，并保持工作区域照明良好。

（2）保持机床清洁，每天开机前在实训教师指导下对各运动副加油润滑，使机床空转 3 min 后按说明调整机床，并检查机床各部件手柄是否处于正常位置。

（3）工作 100 h 后更换车头箱内的油。

（4）注意保护机床工作台面和导轨面。毛坯件、手锤、扳手、锉刀等不允许直接放在工作台面和导轨面上。

（5）下班前按计算机关闭程序关闭计算机，切断电源，并将键盘、显示器上的油污擦拭干净。

（6）学生必须在每天下班前半小时，关闭计算机、清洁机床、在实训教师指导下为各运动副加油润滑、打扫车间的环境卫生，待实训指导教师检查后方可离岗。

3. 车间"6S"管理

整理（Seiri）——要与不要，一留一弃：将工作场所的任何物品区分为有必要和没有必要的，有必要的留下来，其他的都消除掉。目的：留出空间，空间活用，防止误用，塑造清爽的工作场所。

视频 1 - 1 - 5：
6S 管理制度

整顿（Seiton）——科学布局，取用快捷：把留下来的有必要用的物品依规定位置摆放，并放置整齐加以标识。目的：工作场所一目了然，消除寻找物品的时间，保持工作环境整整齐齐，消除过多的积压物品。

清扫（Seiso）——清除垃圾，美化环境：将工作场所内看得见与看不见的地方清扫干净，保持工作场所干净、亮丽的环境。目的：稳定品质，减少工业伤害。

清洁（Seiketsu）——形成制度，贯彻到底：经常保持环境外在美观的状态。目的：创造明朗现场，维持上述"3S"的成果。

安全（Security）——安全操作，生命第一：重视成员安全教育，每时每刻都有安全第一观念，防患于未然。目的：建立起安全生产的环境，所有的工作应建立在安全的前提下。

素养（Shitsuke）——养成习惯，以人为本：每位成员养成良好的习惯，并遵守规则做事，培养积极主动的精神。

任务实施 》》

数控车床系统界面与基本操作，数控车床系统面板如图1-13所示。

1. 熟悉机床操作面板

其主要由操作模式开关、主轴转速倍率调整旋钮、进给速度调节旋钮、各种辅助功能选择开关、手轮、各种指示灯等组成。各按钮、旋钮、开关的位置结构由机床厂家自行设计制作，因此各机床厂家生产的机床操作面板各不相同。

图1-13 数控车床系统面板

1）自动运行方式（MEM）

自动执行加工程序，在MEM状态下，按下操作面板上各种机床的功能开关，可使该功能起作用。这些功能开关包括以下内容：

（1）单程序段（Single Block）：在MEM方式下，启动"单程序段"功能，则按"程序循环启动"按钮，执行完一段指令后程序暂停，机床处于进给保持状态；继续按"程序循环启动"按钮，执行下一段程序后又停止。用这种功能可以检查程序。

（2）选择跳段（Block Delete）：在MEM方式下，当"选择跳段"功能起作用，且程序执行中遇到带有"/"语句时，则跳过这个语句不执行。

（3）选择停止（Option Stop）：在MEM方式下，当"选择停止"功能起作用时，若程序执行到"M01"指令，则程序暂停，机床处于进给保持状态。

（4）试运行（Dry Run）：不装夹工件，只检查刀具的运动。通过操作面板上的旋钮，控制刀具运动的速度，常用于检验程序。

（5）机床闭锁状态：即机床坐标轴处于停止状态，只有轴的位置显示变化。可以将机床闭锁功能与试运行功能同时使用，用于快速检测程序。

（6）辅助功能闭锁：在机床锁住状态中，当自动运行被置于辅助功能锁住方式时，所有的辅助功能（主轴旋转、刀具更换、冷却液开/关等）均不执行。

2）编辑方式

选择编程功能和编辑方式，可以输入及编辑加工程序。

3）手动数据输入方式（MDI）

在MDI方式下，程序格式和通常程序一样，MDI方式适用于简单的测试操作。

4）DNC方式

通过RS232口接收或发送加工程序，有很多计算机数控系统可实现一边接收数控程序，一边进行切削加工，这就是所谓的 DNC（Direct Numerical Control）。除此之外，还可以先将接收的加工程序存储在系统内存里，而不同时进行切削加工，这种传输形式一般称为块（Block）传输。

5）返参方式（REF）

参考点是确定坐标位置的一个基准点，有时将参考点设置为换刀点。测量系统使用相对位置编码器的机床通电后应返回参考点。用操作面板上的开关或按钮将刀具移动到参考点位置即手动回参考点，用程序指令将刀具移动到参考点位置即自动返回参考点。

6）手动连续运行方式（JOG）

常用于试切对刀。

7）手轮操作方式（Handle）

倍率方式下移动刀架。

2. 机床开、关机与回参考点操作

1）开机操作的流程

（1）检查机床上各处的门（防护、强电箱、操作箱等）是否关闭。

（2）检查液压油箱及润滑装置上油标的液面位置。

（3）检查切削液的液面。

（4）检查是否遵守了安全操作规程。

（5）检查液压卡盘的卡持方向是否正确。

（6）打开安装于机床电箱门上的主电源开关。

（7）机床工作灯亮，风扇开始启动。

（8）按数控电源开关，按"ON"键。

（9）在 CRT（显示器）上，初始画面（位置画面）出现。

（10）润滑泵、液压泵启动。

2）机床停止运行的方法

（1）紧急停止按钮。无论手动运转、自动运转、主轴旋转还是滑板移动，按"紧急停止"按钮后，其动作、功能均被迅速停止（润滑泵除外）。

注意：解除急停状态后，机床必须重新返回机床参考点，才可重新工作。

（2）按"复位"键，使 CNC 复位，可停止所有操作，清除报警等。

（3）转换工作方式转换开关。在自动运转时，只要把方式转换开关转换到"回参考点""JOG""手轮"状态，即使主轴保持原状态，滑板的运动也会停止（机床在车螺纹时旋转转换开关后，须待螺纹车削结束，机床才会停止）。

（4）按数控电源断开按钮。按"NC 电源断开"按钮后，数控电源被切断，机床就会停止工作。但是应注意，由于主轴此时处于自由转动状态，因此主轴完全停止下来需要一定时间。

（5）按进给保持键。按此键后，仅能使滑板的运行停止，而主轴和其他功能则继续运转和执行。

3）手动返回机床参考点

由于机床采用增量式反馈元器件，在断电后，数控系统就失去了对参考点的记忆。因此，在接通数控电源后，必须首先进行返回参考点的操作。另外，机床解除紧急停止信号和超程报警信号后，也必须重新进行返回机床参考点的操作。返回参考点后，轴参考点位置指示灯亮。

3. 手动移动刀架与手轮移动刀架

（1）快速移动。快速移动是为了装刀及手动操作时，使刀具能够快速接近或离开工件。

（2）手轮进给用于调整刀具。确定刀尖位置或试切削工件时，一边微调进给，一边观察切削情况。

（3）手动选刀（转刀）操作。

（4）MDI工作方式输入完整程序段指令后，按"循环启动"按钮运行程序。

（5）完成给定程序的输入，并进行模拟仿真。

 任务评价

工件质量评价表包括安全文明生产评分表、能力评价表和教师与学生评价表，如表1－2所示，教师与学生评价表参见附表。

表1－2　评分表

考核总成绩表				
序号	项目名称	配分	得分	备注
1	安全文明生产	50		
2	能力评价表	30		
3	教师与学生评价表	20		
安全文明生产评分表（50分）				
1	安全文明生产	正确使用机床	20	出事故未进行有效措施此项不得分；出事故停止操作酌情扣1～5分	
2		工作场所"6S"	15	不合格不得分	
3		设备维护保养	15	不合格不得分	
总分				
能力评价表（30分）				

续表

考核总成绩表				
序号	等级	评价情况	配分	得分
1	优秀	能高质量、高效率地完成机床的基本操作	27～30	
2	良好	能在无教师指导下完成机床的基本操作	24～27	
3	中等	能在教师的偶尔指导下完成机床的基本操作	21～24	
4	合格	能在教师的指导下完成机床的基本操作	18～21	
总分				

任务二　数控机床编程基础知识

 任务描述

如图 1 – 14 所示，毛坯为 $\phi40$ mm 的棒料，材料为 45 钢单件小批量生产。完成零件的对刀操作，编制零件的刀尖动作程序进行模拟仿真。

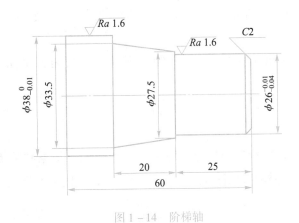

二维码　立体图视频

图 1 – 14　阶梯轴

 任务分析

1. 坐标系的确定

（1）机床坐标系是如何确定的？

（2）工件坐标系的确定原则是什么？

（3）什么是刀位点和对刀点？

2. 数控程序的编制

（1）简述数控加工程序的格式。

（2）简述数控加工各功能字的含义。

（3）简述绝对坐标和增量坐标编程的使用。

相关知识

视频 1 – 2 – 1：数控
机床坐标系统

（一）数控机床坐标系

1. 坐标系及运动方向的确定原则

1）坐标系命名原则

数控机床的进给运动是相对的，有的是刀具相对于工件运动（如车床），有的是工件相对于刀具运动（如铣床）。为了使编程人员能在不知道是刀具移向工件，还是工件移向刀具的情况下，可以根据图样确定机床的加工过程，规定：永远假定刀具相对于静止的工件移动，并且将刀具与工件距离增大的方向作为坐标轴的正方向。

2）标准坐标系

在数控机床上，机床的动作是由数控装置来控制的，为了确定数控机床上的成形运动和辅助运动，必须先确定机床上运动的位移和运动的方向，这就需要通过坐标系来实现，这个坐标系被称为机床坐标系。

标准机床坐标系中 X、Y、Z 坐标轴的相互关系用右手笛卡儿直角坐标系确定，如图 1 – 15 所示。

（1）伸出右手的大拇指、食指和中指，并互为90°，则大拇指代表 X 坐标，食指代表 Y 坐标，中指代表 Z 坐标。

（2）大拇指的指向为 X 坐标的正方向，食指的指向为 Y 坐标的正方向，中指的指向为 Z 坐标的正方向。

（3）围绕 X、Y、Z 坐标旋转的旋转坐标分别用 A、B、C 表示，根据右手螺旋定则，右手分别握住 X、Y、Z 坐标轴，大拇指的指向与 X、Y、Z 坐标轴的正向重合，则其余四指的旋转方向即为旋转坐标 A、B、C 的正向。

3）坐标轴方向的规定

（1）Z 坐标。Z 坐标的运动方向是由传递切削动力的主轴所决定的，即平行于主轴轴线的坐标轴即为 Z 坐标，Z 坐标的正向为刀具离开工件的方向。

若机床上有几个主轴，则选一个垂直于工件装夹平面的主轴方向为 Z 坐标方向；若主轴能够摆动，则选垂直于工件装夹平面的方向为 Z 坐标方向；若机床无主轴，则选垂直于工件装夹平面的方向为 Z 坐标方向。

（2）X 坐标。X 坐标平行于工件的装夹平面，一般在水平面内。确定 X 轴的方向时，要考虑如下两种情况：

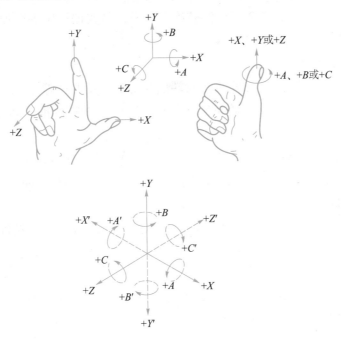

图 1 – 15 右手笛卡儿直角坐标系

①若工件做旋转运动，则刀具离开工件的方向为 X 坐标的正方向。

②若刀具做旋转运动，则分为两种情况：Z 坐标水平时，观察者沿刀具主轴向工件看时，$+X$ 运动方向指向右方；Z 坐标垂直时，观察者面对刀具主轴向立柱看时，$+X$ 运动方向指向右方。

（3）Y 坐标。在确定 X、Z 坐标的正方向后，可以根据 X 和 Z 坐标的方向，按照右手直角坐标系来确定 Y 坐标的方向。

数控车床刀架前置和刀架后置的坐标系分别如图 1 – 16 和图 1 – 17 所示。

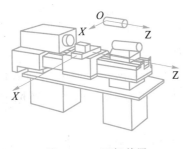

图 1 – 16 刀架前置

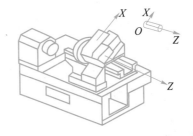

图 1 – 17 刀架后置

4）附加坐标系

如果在 X、Y、Z 主要坐标以外，还有平行于它们的坐标，可分别指定为 U、V、W。若还有第三组运动，则分别指定为 P、Q、R。

2. 机床原点与参考点

机床坐标系是机床固有的坐标系，机床坐标系的原点也称为机床原点或机床零点，在机床经过设计制造和调整后这个原点便被确定下来，是数控机床进行加工运动的基准参考点。

1）数控车床的原点

在数控车床上，机床原点一般取在卡盘端面与主轴中心线的交点处，如图1-18所示。同时，通过设置参数的方法，也可将机床原点设定在 X、Z 坐标的正方向极限位置上。

2）机床参考点

数控装置上电时并不知道机床原点，为了正确地在机床工作时建立机床坐标系，通常在每个坐标轴的移动范围内设置一个机床参考点（测量起点），机床起动时进行机动或手动回参考点，以建立机床坐标系。

机床参考点的位置是由机床制造厂家在每个进给轴上用限位开关精确调整好的，是一个固定位置点，其坐标值已输入数控系统中。因此，参考点对机床原点的坐标是一个已知数。

通常在数控铣床上机床原点和机床参考点是重合的，而在数控车床上机床参考点是离机床原点最远的极限点，如图1-19所示。

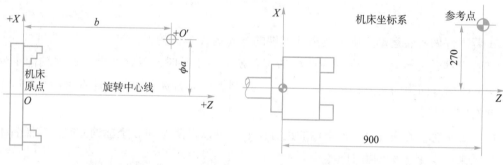

图1-18　数控车床原点　　　　　　　图1-19　机床参考点

3. 工件原点与工件坐标系

工件坐标系（编程坐标系）是编程人员在编程时使用的、用于确定工件几何图形上几何要素（点、直线、圆弧）的位置而建立的坐标系，编程人员选择工件上的某一已知点为原点，称编程原点或工件原点，工件坐标系一旦建立便一直有效直到被新的工件坐标系所取代。工件装夹到机床上时，应使工件坐标系与机床坐标系的坐标轴方向保持一致。

工件坐标系的原点选择要尽量满足编程简单、尺寸换算少、引起的加工误差小等条件，一般情况下以坐标式尺寸标注的零件，编程原点应选在尺寸标注的基准点；对称零件或以同心圆为主的零件，编程原点应选在对称中心线或圆心上，如图1-20所示。

4. 刀位点及对刀点

刀位点：用于确定刀具在机床上位置的刀具上的特定点。车刀的刀位点为刀尖或刀尖圆弧中心；平底立铣刀的刀位点是刀具轴线与刀具底面的交点；球头铣刀的刀位点是球头的球心；钻头的刀位点是钻尖。数控车床常用车刀刀位点，如图1-21所示。

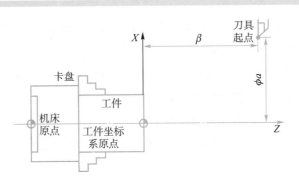

图 1-20 工件原点和工件坐标系

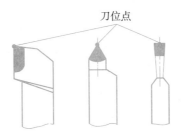

图 1-21 常用车刀刀位点

对刀点：在数控机床上加工零件时，刀具相对于工件运动的起点，又称起刀点或程序起点。

换刀点：加工过程中换刀时刀具的相对位置点。换刀点往往设在工件、夹具的外部，以能顺利换刀、不碰撞工件、夹具及其他部件为准。

对刀的目的是确定程序原点在机床坐标系中的位置，对刀点可以设在零件上、夹具上或机床上，对刀时应使对刀点与刀位点重合。

（二）数控机床编程基本知识

1. 数控编程的基本概念

在数控机床上加工零件，首先要进行程序编制，将零件的加工顺序、工件与刀具相对运动轨迹的尺寸数据、工艺参数（主运动和进给运动速度、切削深度等）及辅助操作等加工信息，用规定的文字、数字、符号组成代码，按一定的格式编写成加工程序单，并将程序单的信息输入数控装置，由数控装置控制机床进行自动加工。从零件图样到编制零件加工程序的全部过程称为数控程序编制。

2. 数控编程的步骤

（1）分析图样、确定加工工艺过程。在确定加工工艺过程时，编程人员要根据图样对工件的形状、尺寸、技术要求进行分析，然后选择加工方案，确定加工顺序、加工路线、装卡方式、刀具及切削参数，同时还要考虑所用数控机床的指令功能，充分发挥机床的效能。加工路线要短，要正确选择对刀点、换刀点，减少换刀次数。

视频 1-2-2：数控车床编程步骤及方法

（2）数值计算。根据零件图的几何尺寸、确定的工艺路线及设定的坐标系，计算零件粗、精加工各运动轨迹，得到刀位数据。

在很多情况下，因其图样上的尺寸基准与编程所需要的尺寸基准不一致，故应首先将图样上的基准尺寸换算为编程坐标系中的尺寸，再进行下一步数学处理。

①直接换算。直接换算是直接通过图样上的标注尺寸，即可获得编程尺寸的一种方法。进行直接换算时，可对图样上给定的基本尺寸或极限尺寸取平均值，经过简单的加、减运算后即完成。

例如，如图 1-22（b）所示，除尺寸 46.55 mm 外，其余均属直接按如图 1-22（a）所示的标注尺寸经换算后得到的编程尺寸。其中，$\phi59.94$ mm、$\phi20$ mm 及 140.08 mm 这 3 个尺寸为分别取两极限尺寸平均值后得到的编程尺寸。在取极限尺寸中值时，如果遇到有第 3 位小数值（或更多位小数），基准孔按照"四舍五入"的方法处理，基准轴则将第 3 位进上一位。

②间接换算。间接换算是需要通过平面几何、三角函数等计算方法进行必要解算后，才能得到其编程尺寸的一种方法。用间接换算方法所换算出来的尺寸，是直接编程时所需的基点坐标尺寸，也可以是为计算某些基点坐标值所需要的中间尺寸。

如图 1-22（b）所示的尺寸 46.55 mm，就是间接换算后得到的编程尺寸。计算方法如下：

在直角三角形 ABC 中，$\angle ACB = 30°/2 = 15°$，$AB = (59.94 - 35)/2 = 12.47$。因为 $\tan\angle ACB = AB/BC$，所以 $BC = AB/\tan\angle ACB = 12.47/\tan15° \approx 46.55$。

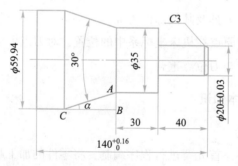

（a）换算前尺寸

（b）换算后尺寸

图 1-22　标注尺寸换算

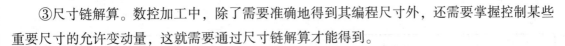

③尺寸链解算。数控加工中，除了需要准确地得到其编程尺寸外，还需要掌握控制某些重要尺寸的允许变动量，这就需要通过尺寸链解算才能得到。

④基点与节点。一个零件的轮廓曲线可能由许多不同的几何要素组成，如直线、圆弧、二次曲线等。各几何要素之间的连接点称为基点，如两条直线的交点、直线与圆弧的交点或切点、圆弧与二次曲线的交点或切点等。基点坐标是编程中需要的重要数据，可以直接作为其运动轨迹的起点或终点。在只有直线和圆弧插补功能的数控车床上加工椭圆、双曲线、抛物线、阿基米德螺旋线或用一系列坐标点表示列表曲线时，就要用直线或圆弧去逼近被加工曲线。这时，逼近线段与被加工曲线的交点就称为节点。为了编程方便，一般都采用直线段去逼近已知的曲线，这种方法称为直线逼近，或称线性插补。

（3）编写零件加工程序单。加工路线、工艺参数及刀位数据确定以后，编程人员可以根据数控系统规定的功能指令代码及程序段格式，逐段编写加工程序单。此外，还应填写有关的工艺文件，如数控加工工序卡片、数控刀具卡片、数控刀具明细表、工件安装和零点设定卡片、数控加工程序单等。

（4）程序输入。目前常用的方法是通过操作面板上的键盘直接将程序输入数控机床，或插入存储卡输入，或采用微机存储加工程序，经过串行接口 RS232 将加工程序传入数控装置或计算机直接数控（DNC）通信接口，可以边传送边加工。

（5）程序校验与首件试切。通过数控机床的图形模拟功能，可进行图形模拟加工，让机床空运转，以检查机床的运动轨迹是否正确。但这些方法只能检验出运动是否正确，不能查出被加工零件的加工精度。因此有必要进行零件的首件试切。当发现有加工误差时，应分析误差产生的原因，找出问题所在，加以修正。

3.数控加工程序的格式及功能字

1）数控程序的结构

一个完整的数控程序由程序名、程序段和程序结束符三部分组成。

下面以图 1-23 所示零件的加工程序为例简单介绍程序的组成，程序如表 1-3 所示。

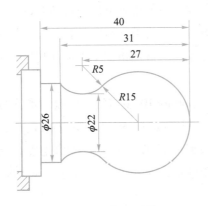

图 1-23 加工零件

视频 1-2-3：数控车床
程序结构及特点

表 1 – 3　数控加工程序的组成

程序	注释	组成部分名称
O1234；	程序编号，以 O 开头，范围为 0001 ~ 9999，其余被厂家占用	程序名
N10 T0101 M03 S1000；	主轴以一定速度和方向旋转起来	程序内容部分
N20 G00 X100 Z100； N30 G00 X0 Z5； N40 G01 X0 Z0 F100； N50 G03 X24 W – 24 R15； N60 G02 X26 Z – 31 R5； N70 G01 Z – 40； N80 X40； N90 G00 X100 Z100；	N20 ~ N90 为刀具运动轨迹。 F 代表刀具的进给速度，为 100mm/min。 X、Z 代表刀具运动位置，单位一般为 mm。 另外段号，以 N 开头，一般四位数字，范围为 0001 ~ 9999	
N13 M05；	主轴停转	程序结束部分
N14 M30；	程序结束	

2）程序段格式

一个程序段由若干个"字"组成，字是由英文字母（地址）和其后面的数字构成的（数字的前面还带有 + 、 – 符号），如图 1 – 24 所示。字是数控语句中的最小单位。

图 1 – 24　字的构成

字的功能含义如下。

（1）顺序号字 N。顺序号又称程序段号或程序段序号。顺序号位于程序段之首，由顺序号字 N 和后续数字组成。顺序号字 N 是地址符，后续数字一般为 1 ~ 4 位的正整数。数控加工中的顺序号实际上是程序段的名称，与程序执行的先后次序无关。数控系统不是按顺序号的次序来执行程序的，而是按照程序段编写时的排列顺序逐段执行的。

顺序号是对程序进行校对和检索修改以及作为条件转向的目标，即作为转向目的程序段的名称。有顺序号的程序段可以进行复归操作，这是指加工可以从程序的中间开始，或回到程序中断处开始。

编程时将第一程序段冠以 N10，以后以间隔 10 递增的方法设置顺序号，这样，在调试程序时，如果需要在 N10 和 N20 之间插入程序段时，就可以使用 N11、N12 等。

（2）准备功能字 G。准备功能字的地址符是 G，又称为 G 功能或 G 指令，是用于建立机床或控制系统工作方式的一种指令。用地址 G 和两位数字表示，从 G00 ~ G99 共 100 种，如表 1 – 4 所示。

表 1-4 G 功能字含义表

G 代码	组	功能	G 代码	组	功能
* G00	01	定位（快速移动）	G57	00	选择工件坐标系 4
G01		直线切削	G58		选择工件坐标系 5
G02		圆弧插补（CCW，顺时针）	G59		选择工件坐标系 6
G03		圆弧插补（CW，逆时针）	G70		精加工循环
G04	00	暂停	G71		内外径粗切循环
G00		停于精确的位置	G72		台阶精切循环
G20	06	英制输入	G73		成形重复循环
G21		公制输入	G74		Z 向进给钻削
G22	04	内部行程限位有效	G75		X 向切槽
G23		内部行程限位无效	G76		切螺纹循环
G27	00	检查参考点返回	* G80	10	固定循环取消
G28		参考点返回	G83		钻孔循环
G29		从参考点返回	G84		攻丝循环
G30		回到第二参考点	G85		正面镗循环
G32	01	切螺纹	G87		侧钻循环
* G40	07	取消刀尖半径偏置	G88		侧攻丝循环
G41		刀尖半径偏置（左侧）	G89		侧镗循环
G42		刀尖半径偏置（右侧）	G90	01	（内外直径）切削循环
G50	00	主轴最高转速设置（坐标系设定）	G92		切螺纹循环
G52		设置局部坐标系	G94		（台阶）切削循环
G53		选择机床坐标系	G96	12	恒线速度控制
* G54	14	选择工件坐标系 1	* G97		恒线速度控制取消
G55		选择工件坐标系 2	G98	05	指定每分钟移动量
G56		选择工件坐标系 3	* G99		指定每转移动量

注：带 * 者表示的是开机时会初始化的代码。

①非模态 G 功能：只在所规定的程序段中有效，程序段结束时被注销，又称当段有效代码。例如：

N10 G04 X10;（延时 10 s）

N11 G91 G00 X-10 F200;（X 负向移动 10 mm）

N10 程序段中 G04 是非模态 G 代码，不影响 N11 程序段的移动。

②模态 G 功能：一组可相互注销的 G 功能，这些功能一旦被执行，则一直有效，直到被同一组的 G 功能注销为止，又称续效代码。例如：

N15 G01 X-10 F200；

N16 Y10；(G91,G01 仍然有效)

N17 G03 X20 Y20 R20；(G03 有效,G01 无效)

（3）尺寸字。尺寸字用于确定机床上刀具运动终点的坐标位置。其中，X、Y、Z、U、V、W 用于确定终点的直线坐标尺寸；第二组 A、B、C 用于确定终点的角度坐标尺寸；第三组 I、J、K 用于确定圆弧轮廓的圆心坐标尺寸。

（4）进给功能字 F。进给功能字的地址符是 F，又称为 F 功能或 F 指令，用于指定切削的进给速度。对于车床，F 可分为每分钟进给和主轴每转进给两种；对于其他数控机床，一般只用每分钟进给。F 指令在螺纹切削程序段中常用来指定螺纹的导程。

（5）主轴转速功能字 S。主轴转速功能字的地址符是 S，又称为 S 功能或 S 指令，用于指定主轴转速，单位为 r/min。对于具有恒线速度功能的数控车床，程序中的 S 指令用来指定车削加工的线速度。

（6）刀具功能字 T。刀具功能字的地址符是 T，又称为 T 功能或 T 指令，用于指定加工时所用刀具的编号。对于数控车床，如 T0101，其中头两位数 01 表示刀具号，后两位数字用于指定刀具长度补偿和刀尖半径补偿。

（7）辅助功能字 M。辅助功能字的地址符是 M，后续数字一般为 1～3 位正整数，又称为 M 功能或 M 指令，用于指定数控机床辅助装置的开关动作，具体代码和功能如表 1－5 所示。

表 1－5　常用的辅助功能的 M 代码、含义及用途

功能	含义	用途
M00	程序停止	当执行有 M00 的程序段后，主轴旋转、进给、冷却液送进都将停止。此时可执行某一手动操作，如工件调头、手动变速等。如果再重新按下控制面板上的"循环启动"按钮，就继续执行下一程序段
M01	选择停止	与 M00 的功能基本相似，只有在按下"选择停止"后，M01 才有效，否则机床继续执行后面的程序段；按"启动"键，继续执行后面的程序
M02	程序结束	当全部程序结束时使用该指令，它使主轴、进给、冷却液送进停止，并使机床复位
M03	主轴正转	用于主轴顺时针方向转动
M04	主轴反转	用于主轴逆时针方向转动
M05	主轴停转	用于主轴停止转动

续表

功能	含义	用途
M06	换刀	用于加工中心的自动换刀动作
M08	冷却液开	用于切削液开
M09	冷却液关	用于切削液关
M30	程序结束	M30 和 M02 功能基本相同，只是 M30 指令还兼有控制返回到零件程序头的作用。使用 M30 的程序结束后，若要重新执行该程序只需再次按操作面板上的"循环启动"键
M98	子程序调用	用于调用子程序
M99	子程序返回	用于子程序结束及返回

注：各种机床的 M 代码规定有差异，编程时必须根据说明书的规定进行。

3）直径编程与半径编程

（1）当用直径值编程时，称为直径编程法。编制与 X 轴有关的各项尺寸时，一定要用直径值编程（数控程序中 X 轴的坐标值即为零件图上的直径值）。如图 1-25 所示，图中 A 点的坐标值为（X30，Z80），B 点的坐标值为（X40，Z60）。

（2）用半径值编程时，称为半径编程法。编制与 X 轴有关的各项尺寸时，一定要用半径值编程（数控程序中 X 轴的坐标值为零件图上的半径值）。

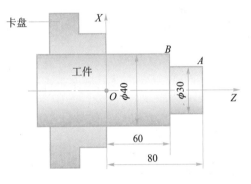

图 1-25　直径编程

若需用半径编程，则要改变系统中相关的参数，使系统处于半径编程状态。

通常采用直径编程方式。采用直径尺寸编程与零件图样中的尺寸标注一致，这样可避免尺寸换算过程中可能造成的错误，给编程带来很大方便。当用增量编程时，以径向实际位移量的二倍值表示，并附上方向符号（正向可以省略）。

4）主轴正反转

C 轴（主轴）的运动方向是从机床尾架向主轴看，逆时针为 +C 向，顺时针为 -C 向。

5）快速点定位（G00）

指令格式：G00 X(U) ____ Z(W) ____；

指令功能：命令刀具快速从当前点移动到目标点位置。

说明：

（1）X、Z 后面的数值为目标点在工件坐标系中的坐标；U、W 为目标点相对于起点增量坐标。

（2）G00 不用 F 指定移动速度，由生产厂家或机床系统参数设定；可由面板上的"快速修调"按钮修正。

（3）G00 运动是空行程，不能进行切削加工，一般用于加工前快速定位和加工后快速退刀。

（4）G00 为模态功能，可由 G01、G02、G03 等指令注销。

（5）在执行 G00 指令时，由于各轴以各自速度移动，不能保证各轴同时到达终点，因而联动直线轴的合成轨迹不一定是直线。要注意刀具和工件之间不要发生干涉，忽略这一点，就容易发生碰撞，而在快速状态下的碰撞更加危险。

练一练

【例 1 - 1】 如图 1 - 26 所示，刀具从 A 点（X100，Z100）快速定位至 B 点，程序段如下。

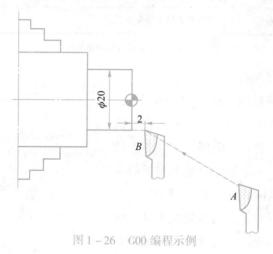

图 1 - 26　G00 编程示例

绝对方式：G00 X20 Z2；

增量方式：G00 U-80 W-98；

6）直线插补（G01）

指令格式：G01 X(U)＿Z(W)＿F＿；

指令功能：命令刀具以一定的进给速度从当前位置沿直线移动到目标点位置。

说明：

（1）X、Z 后面的数值为目标点在工件坐标系中的坐标；U、W 为目标点相对于起点的增量坐标。

（2）F 是切削进给率或进给速度，单位为 mm/r 或 mm/min，取决于该指令前面程序段的设置。

（3）G01 为模态功能，可由 G00、G02、G03 等指令注销。

【例 1 - 2】 如图 1 - 27 所示，编写刀具从 B 点直线切削到达 C 点的程序指令。

绝对方式：G01 X20 Z-15 F100；

增量方式：G01 U0 W-17 F100；

混合方式：G01 X20 W-17 F100（或 G01 U0 Z-15 F100）；

【例1-3】 加工如图1-28所示的零件，已知材料为45钢，已完成粗加工，编写零件的精加工程序。

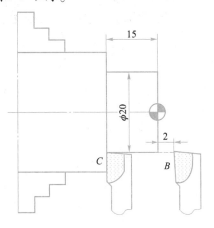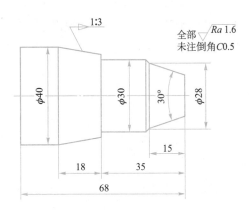

图1-27 G01编程示例　　　　　　　图1-28 编程示例

零件加工参考程序如表1-6所示。

表1-6 零件加工参考程序（G00、G01指令）

程　序	说　明
O0001；	
T0101 M03 S1000；	精车，主轴正转1 000 r/min
G00 X19.96 Z2；	定位
G01 Z0 F100；	到达30°圆锥的锥小端
X28 Z-15；	精车30°圆锥
X29；	沿端面退刀
X30 W-0.5；	倒角
Z-35；	精车φ30 mm外圆
X34；	沿端面退刀至锥度1∶3的锥小端
X40 Z-53；	精车锥度1∶3的锥
Z-73；	精车φ40 mm外圆
G00 X100 Z100；	退刀至安全点
M30；	程序结束

 任务实施 ⟩⟩

1. 对刀

Z向对刀如图1-29（a）所示。先用外径刀将工件端面（基准面）车削出来；车削端面后，刀具可以沿 X 方向移动远离工件，但不可沿 Z 方向移动。Z 轴对刀输入"Z0 测量"。

X 向对刀如图 1-29（b）所示。车削任一外径后，使刀具沿 Z 向移动远离工件，待主轴停止转动后，测量刚刚车削出来的外径尺寸。例如，测量值为 $\phi50.78$ mm，则 X 轴对刀输入"X50.78 测量"，工件坐标系得以建立。

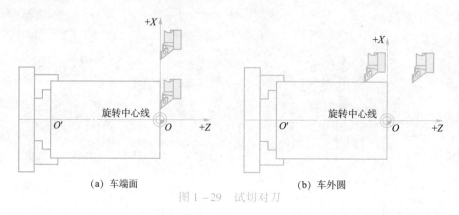

（a）车端面　　　　　　　　　　（b）车外圆

图 1-29　试切对刀

2. 编制程序

锥形螺母参考程序如表 1-7 所示。

表 1-7　锥形螺母参考程序

程　　序	说　　明
O0001;	程序名
T0101;	选用外圆车刀
M03 S1000;	主轴正转，转速 1 000 r/min
G00 X100 Z100;	快速定位换刀点
G00 X21.975 Z1;	快速定位到 $\phi22$ mm 外圆延长线上
G01 Z0 F100;	靠到端面上
X25.975 Z-2;	切削倒角
Z-25;	切削 $\phi25$ mm 外圆
X27.5;	端面退刀
X33.5 W-20;	切削锥面
X37.995;	端面退刀
W-15;	切削 $\phi38$ mm 外圆
G00 X100;	沿着 X 方向快速退刀
Z100;	沿着 Z 方向快速退刀
M30;	程序结束

3. 零件加工

（1）机床开机、回参考点。

（2）装夹工件及刀具。

（3）对刀及设定工件坐标系。

（4）输入程序。

（5）图形模拟。

 任务评价

工件质量评价表包括程序评分表、安全文明生产评分表和教师与学生评价表，如表1-8
所示，教师与学生评价表见附表。

表1-8 评分表

考核总成绩表				
序号	项目名称	配分	得分	备注
1	程序	60		
2	安全文明生产	20		
3	教师与学生评价	20		
程序评分表（60分）				
序号	考核项目	考核内容	配分	评分标准	得分
1	程序编制	程序正确合理	60	出错一次扣5分	
总分					
安全文明生产评分表（20）					
1	安全文明生产	正确使用机床	5	出事故未进行有效措施此项不得分；出事故停止操作酌情扣1~5分	
2		正确使用工卡量具	5	不规范扣1~2分	
3		工作场所"6S"	5	不合格不得分	
4		设备维护保养	5	不合格不得分	
总分					

项目二　简单轴类零件的数控车削编程与加工

学习情境

车床上工件的毛坯多为圆棒料或铸锻件，加工余量较大，一个表面需要进行多次反复的加工。如果对每个加工循环都编写若干个程序段，将大大增加编程的工作量。为简化编程，FAUNC 数控系统中具有固定循环、复合循环等不同形式的循环功能。

本项目讲解数控车削的基本编程指令、切削循环指令，重点介绍各指令的编程方法、技巧，使读者在学习指令的同时也能够掌握其实际应用能力。

【知识目标】

◇ 熟练运用 G90、G94 指令编写外圆及圆锥的加工程序；

◇ 熟练运用 G71、G73、G70 指令编写循环指令并操作数控车床加工工件；

◇ 熟练制定一般阶梯轴类零件的加工方案。

【能力目标】

◇ 能进行简单轴类零件的数控加工操作；

◇ 能根据所加工的零件正确选择加工设备、确定装夹方案、选择刀具量具、确定工艺路线、编制工艺卡和刀具卡；

◇ 培养学生丰富的想象力和不拘泥于固定的思维方式。

榜样故事 2
《大国工匠·匠心报国》
崔蕴：用生命造火箭

【思政目标】

◇ 小组学习的过程中，具备发现问题解决问题的能力；具有团队协作，提炼总结，科学合理制定、实施工作计划的能力；

◇ 上机床操作具备良好的心理素质和克服困难的能力；

◇ 成果展示阶段，具有进行自我批评和自我检查的能力。

任务一　简单轮廓的数控车削编程与加工

 任务描述

如图 2-1 所示的零件，材料为 45 钢，未注长度尺寸允许偏差 ±0.1 mm，未注倒角为 $C0.5$，表面粗糙度值全部为 $Ra1.6$ μm，毛坯为 $\phi45$ mm × 110 mm。分析零件的加工工艺，编制程序，并在数控车床上加工。

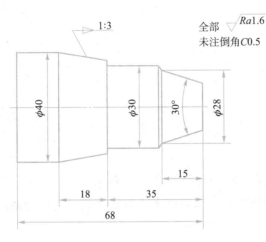

全部 $\sqrt{Ra1.6}$
未注倒角$C0.5$

二维码
立体图视频

图 2-1　简单轮廓的轴类零件

 任务分析

1. 技术要求分析

该零件图有哪些技术要求？

2. 加工方案

1）装夹方案

加工该零件应采用何种装夹方案？

2）位置点选择

（1）工件零点设置在什么位置最好？

（2）换刀点应设置在什么位置？说出理由。

（3）循环起刀点应设置在什么位置？

3. 确定工艺路线

该零件的加工工艺路线应怎样安排？

相关知识

（一）简单轮廓的加工工艺

1. 圆锥的各部分名称及尺寸计算

（1）圆锥表面：与轴线成一定角度，且一端相交于轴线的一条线段（母线），围绕着该轴线旋转形成的表面，如图 2 – 2 所示。

（2）圆锥：由圆锥表面与一定尺寸所限定的几何体。

（3）圆锥最大直径 D：简称大端直径，如图 2 – 3 所示。

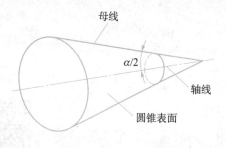

图 2 – 2 圆锥表面

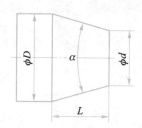

图 2 – 3 圆锥尺寸

（4）圆锥最小直径 d：简称小端直径，如图 2 – 3 所示。

（5）圆锥长度 L：最大圆锥直径截面与最小圆锥直径截面之间的轴向距离，如图 2 – 3 所示。

（6）锥度 C：圆锥大、小端直径之差与长度之比，即 $C = \dfrac{D-d}{L}$。

（7）圆锥角（锥角）α：在通过圆锥轴线的截面内，两条素线间的夹角。

圆锥素线角 $\alpha/2$：圆锥素线与轴线间的夹角，等于圆锥角的一半，如图 2 – 2 所示。

2. 加工阶段的划分

当数控加工零件的加工质量要求较高时，往往不可能用一道工序来满足其要求，而要用几道工序逐步达到所要求的加工质量。一般可分为粗加工、半精加工、精加工和光整加工 4 个阶段。

视频 2 – 1 – 1：
加工阶段的划分

（1）粗加工阶段。粗加工阶段主要任务是切除毛坯上各表面的大部分多余金属，使毛坯在形状和尺寸上接近零件成品，其目的是提高生产率。

（2）半精加工阶段。半精加工阶段任务是使主要表面达到一定的精度，留有一定的精加工余量，为主要表面的精加工（精铣或精磨）做好准备，并可完成一些次要表面加工，如扩孔、攻螺纹、铣键槽等。

（3）精加工阶段。精加工阶段任务是保证各主要表面达到图样规定的尺寸精度和表面粗糙度要求，其主要目标是保证加工质量。

（4）光整加工阶段。光整加工阶段任务是对零件上精度和表面粗糙度要求很高（IT6 级以上，表面粗糙度为 $Ra0.2~\mu m$ 以下）的表面，进行光整加工。其目的是提高尺寸精度、减小表面粗糙度。

视频 2 - 1 - 2：零件的
定位夹具的选择

3. 零件的定位与夹具的选择

数控车床常用装夹方法。数控车床多采用三爪自定心卡盘夹持工件；轴类工件还可采用尾座顶尖支撑工件。数控车床常用装夹方法如表 2 - 1 所示。

表 2 - 1　数控车床常用装夹方法

序号	装夹方法	特点	适用范围
1	三爪卡盘	装夹速度快，夹紧力小，一般不需要找正	适于装夹中小型圆柱形、正三角形或正六边形
2	四爪卡盘	需要找正，夹紧力大，装夹精度高	适合不规则的零件、大型零件
3	两顶尖	容易保证定位精度，不能承受较大的切削力，装夹不牢靠	适合轴类零件
4	一夹一顶	定位精度高，装夹牢靠	适合轴类零件
5	中心架	用于细长轴的切削，可防止弯曲变形	适合细长轴零件
6	心轴与弹簧夹头	以孔为定位基准，用心轴装夹来加工外表面；也可以以外圆为定位基准，采用弹簧夹头装夹来加工内表面，位置精度高	适合内外表面相互位置精度比较高的零件

此外，数控车床加工中还有其他相应的夹具，如自动夹紧拨动卡盘、拨齿顶尖、三爪拨动卡盘、快速可调万能卡盘等。

4. 数控车削加工刀具及其选择

数控车削用的车刀一般分为 3 类：即尖形车刀、圆弧形车刀和成形车刀。

视频 2 - 1 - 3：数控
车削刀具的分类
及其选择

（1）尖形车刀。以直线形切削刃为特征的车刀一般称为尖形车刀。这类车刀的刀尖（同时也为其刀位点）由直线形的主、副切削刃构成，如 90°内、外圆车刀，左、右端面车刀，切槽（断）车刀及刀尖倒棱很小的各种外圆和内孔车刀。用这类车刀加工零件时，其零件的轮廓形状主要由一个独立的刀尖或一条直线形主切削刃位移后得到。

（2）圆弧形车刀。圆弧形车刀的特征是：构成主切削刃的刀刃形状为一圆度误差或线轮廓度误差很小的圆弧，如图 2 - 4 所示。该圆弧刃上每一点都是圆弧形车刀的刀尖，因此，刀位点不在圆弧上，而在该圆弧的圆心上，编程时要进行刀具半径补偿。圆弧形车刀可用于车削内、外圆表面，特别适宜于车削精度要求较高的凹曲面或半径较大的凸圆弧面。

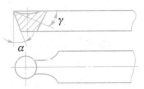

图 2 - 4　圆弧形车刀

（3）成形车刀。成形车刀俗称样板车刀，其加工零件的轮廓形状完全由车刀刀刃的形状和尺寸决定。数控车削加工中，常见的成形车刀有小半径圆弧车刀、非矩形车槽刀、螺纹车刀等。在数控加工中，应尽量少用或不用成形车刀，当确有必要选用时，则应在工艺准备的文件或加工程序单上进行详细说明。

常用车刀的种类、形状和用途如图2-5所示。

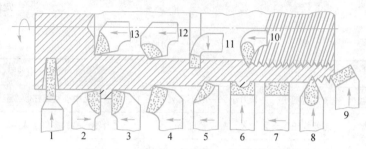

图2-5　常用车刀的种类、形状和用途

1—切断刀；2—90°左偏刀；3—90°右偏刀；4—弯头车刀；5—直头车刀；
6—成形车刀；7—宽刃精车刀；8—外螺纹车刀；9—端面车刀；10—内螺纹车刀；
11—内槽车刀；12—通孔车刀；13—盲孔车刀

5. 切削用量的选择

数控编程时，编程人员必须确定每道工序的切削用量，并以指令的形式写入程序中，所以编程前必须确定合适的切削用量。

视频2-1-4：数控
车削用量的选择

1）背吃刀量 a_p

在工艺系统刚性和机床功率允许的条件下，尽可能选取较大的背吃刀量，以减少进给次数，当零件的精度要求较高时，应考虑适当留出精车余量，其所留精车余量一般为0.1~0.5 mm。

2）主轴转速 n

在实际生产中，主轴转速可用下式计算：

$$n = \frac{1\,000 v_c}{\pi d}$$

其中：v_c——切削速度，由刀具的耐用度决定，单位为 m/min；

d——工件待加工表面的直径，单位为 mm。

主轴转速要根据计算值在机床说明书中选取标准值，并填入程序单中。

在确定主轴转速时，还应考虑以下几点：

①应尽量避开积屑瘤产生的区域。

②断续切削时，为减小冲击和热应力，要适当降低切削速度。

③在易发生振动的情况下，切削速度应避开自激振动的临界速度。

④加工大件、细长件和薄壁工件时，应选用较低的切削速度。

⑤加工带外皮的工件时，应适当降低切削速度。

表2-2为硬质合金外圆车刀切削速度的参考值，选用时可参考选择。

表 2-2 硬质合金外圆车刀切削速度的参考值

工件材料	热处理状态	$a_p = 0.3 \sim 2.0$ mm $f = 0.08 \sim 0.30$ mm·r^{-1}	$a_p = 2 \sim 6$ mm $f = 0.3 \sim 0.6$ mm·r^{-1}	$a_p = 6 \sim 10$ mm $f = 0.6 \sim 1.0$ mm·r^{-1}
		$v_c/$ (m·min^{-1})		
低碳钢、易切钢	热轧	140 ~ 180	100 ~ 120	70 ~ 90
中碳钢	热轧	130 ~ 160	90 ~ 110	60 ~ 80
	调质	100 ~ 130	70 ~ 90	50 ~ 70
合金结构钢	热轧	100 ~ 130	70 ~ 90	50 ~ 70
	调质	80 ~ 110	50 ~ 70	40 ~ 60
工具钢	退火	90 ~ 120	60 ~ 80	50 ~ 70
灰铸铁	<190 HBS	90 ~ 120	60 ~ 80	50 ~ 70
	190 ~ 225 HBS	80 ~ 110	50 ~ 70	40 ~ 60
高锰钢（Mn = 13%）		10 ~ 20		
铜、铜合金		200 ~ 250	120 ~ 180	90 ~ 120
铝、铝合金		300 ~ 600	200 ~ 400	150 ~ 200
铸铝合金		100 ~ 180	80 ~ 150	60 ~ 100

说明：切削钢、灰铸铁时的刀具耐用度约为 60 min。

3）进给量（或进给速度）f

粗车时一般取 0.3 ~ 0.8 mm/r，精车时常取 0.1 ~ 0.3 mm/r，切断时常取 0.05 ~ 0.2 mm/r。表 2-3 是硬质合金外圆车刀粗车外圆及端面的进给量参考值，表 2-4 是按表面粗糙度选择进给量的参考值，供参考选用。

4）选择切削用量应注意的问题

以上切削用量选择是否合理，对于实现优质、高产、低成本和安全操作具有很重要的作用。切削用量选择的一般原则如下：

（1）粗车时，一般以提高生产率为主，但也应考虑经济性和加工成本，首先选择大的背吃刀量；其次选择较大的进给量，增大进给量有利于断屑；最后根据已选定的吃刀量和进给量，并在工艺系统刚性、刀具寿命和机床功率许可的条件下选择一个合理的切削速度，减少刀具消耗，降低加工成本。

（2）半精车或精车时，加工精度和表面粗糙度要求较高，加工余量不大且均匀，应在保证加工质量的前提下，兼顾切削效率、经济性和加工成本，通常选择较小的背吃刀量和进给量，并选用切削性能高的刀具材料和合理的几何参数，以尽可能提高切削速度，保证零件加工精度和表面粗糙度。

表 2-3 硬质合金外圆车刀粗车外圆及端面的进给量

工件材料	刀杆尺寸 $B \times H/(\text{mm} \times \text{mm})$	工件直径 d_w/mm	背吃刀量 a_p/mm				
			≤3	>3~5	>5~8	>8~12	>12
			进给量 $f/(\text{mm} \cdot \text{r}^{-1})$				
碳素结构钢、合金结构钢	16×25	20	0.3~0.4				
		40	0.4~0.5	0.3~0.4			
		60	0.5~0.7	0.4~0.6	0.3~0.5		
		100	0.6~0.9	0.5~0.7	0.5~0.6	0.4~0.5	
		400	0.8~1.2	0.7~1.0	0.6~0.8	0.5~0.6	
耐热钢	20×30 25×25	20	0.3~0.4				
		40	0.4~0.5	0.3~0.4			
		60	0.5~0.7	0.5~0.7	0.4~0.6		
		100	0.8~1.0	0.7~0.9	0.5~0.7	0.4~0.7	
		400	1.2~1.4	1.0~1.2	0.8~1.0	0.6~0.9	0.4~0.6
铸铁、铜合金	16×25	40	0.4~0.5				
		60	0.5~0.8	0.5~0.8	0.4~0.6		
		100	0.8~1.2	0.7~1.0	0.6~0.8	0.5~0.7	
		400	1.0~1.4	1.0~1.2	0.8~1.0	0.6~0.8	
	20×30 25×25	40	0.4~0.5				
		60	0.5~0.9	0.5~0.8	0.4~0.7		
		100	0.9~1.3	0.8~1.2	0.7~1.0	0.5~0.8	
		400	1.2~1.8	1.2~1.6	1.0~1.3	0.9~1.1	0.7~0.9

说明：①加工断续表面及有冲击工件时，表中进给量应乘系数 $k=0.75 \sim 0.85$；

②在无外皮加工时，表中进给量应乘系数 $k=1.1$；

③在加工耐热钢及合金钢时，进给量不大于 1 mm/r；

④加工淬硬钢，进给量应减小。当钢的硬度为 44~56 HRC 时，应乘系数 $k=0.8$；当钢的硬度为 56~62 HRC 时，应乘系数 $k=0.5$。

总之，切削用量的具体数值应根据机床说明书、切削用量手册的说明并结合实际经验确定。同时，使主轴转速、背吃刀量及进给速度三者能相互适应，以确定合适的切削用量。

表 2 – 4　按表面粗糙度选择进给量的参考值

工件材料	表面粗糙度 $Ra/\mu m$	切削速度范围 $v_c/(\text{m} \cdot \text{min}^{-1})$	刀尖圆弧半径 r/mm		
			0.5	1.0	2.0
			进给量 $f/(\text{mm} \cdot \text{r}^{-1})$		
铸铁、青钢、铝合金	>5 ~ 10	不限	0.25 ~ 0.40	0.40 ~ 0.50	0.50 ~ 0.60
	>2.5 ~ 5.0		0.15 ~ 0.25	0.25 ~ 0.40	0.40 ~ 0.60
	>1.25 ~ 2.5		0.10 ~ 0.15	0.15 ~ 0.20	0.20 ~ 0.35
碳钢及合金钢	>5 ~ 10	<50	0.30 ~ 0.50	0.45 ~ 0.60	0.55 ~ 0.70
		>50	0.40 ~ 0.55	0.55 ~ 0.65	0.65 ~ 0.70
	>2.5 ~ 5.0	<50	0.18 ~ 0.25	0.25 ~ 0.30	0.30 ~ 0.40
		>50	0.25 ~ 0.30	0.30 ~ 0.40	0.40 ~ 0.50
	>1.25 ~ 2.5	<50	0.10	0.11 ~ 0.15	0.15 ~ 0.22
		50 ~ 100	0.11 ~ 0.16	0.16 ~ 0.25	0.25 ~ 0.35
		>100	0.16 ~ 0.20	0.20 ~ 0.25	0.25 ~ 0.35

说明：$r = 0.5$ mm，用于 12 mm × 12 mm 及以下刀杆；$r = 1.0$ mm，用于 30 mm × 30 mm 以下刀杆；$r = 2.0$ mm，用于 30 mm × 45 mm 以下刀杆。

6. 数控加工的工艺文件编制

编制数控加工专用技术文件是数控加工工艺设计的内容之一。技术文件是对数控加工的具体说明，目的是让操作者更明确加工程序的内容、装夹方式、各个加工部位所选用的刀具及其他技术问题。数控加工技术文件主要有：数控编程任务书、数控加工工序卡、数控加工走刀路线图、数控刀具卡、数控加工程序单等。在工作中，可根据具体情况设计文件格式。以下提供了常用文件的格式，文件格式可根据企业实际情况自行设计。

视频 2 – 1 – 5：数控加工的工艺文件

1）数控编程任务书

数控编程任务书是编程人员与工艺人员协调工作和编制数控程序的重要依据之一，如表 2 – 5 所示。

2）数控加工工序卡

数控加工工序卡与普通加工工序卡有许多相似之处，不同的是工序简图中应注明编程原点与对刀点，要进行简要编程说明及切削参数选择，如表 2 – 6 所示。

3）数控加工走刀路线图

在数控加工中，要注意防止刀具在运动过程中与夹具或工件发生意外碰撞，因此必须设法告诉操作者关于编程中的刀具运动路线（如从哪里下刀、在哪里抬刀、在哪里斜下刀等）。为简化走刀路线图，一般可采用统一约定的符号来表示，如表 2 – 7 所示。

表2-5 数控编程任务书

工艺处理	数控编程任务书	产品零件图号		任务书编号	
		零件名称			
		使用数控设备		共 页 第 页	
主要工序说明及技术要求		编程收到日期	月 日	经手人	

表2-6 数控加工工序卡

数控加工工序卡		产品名称			零件名		零件图号
工序号	程序编号	夹具名称		夹具编号	使用设备		车间
工步号	工步内容	切削用量			刀具		备注
		主轴转速 $n/(\text{r} \cdot \min^{-1})$	进给速度 $f/(\text{mm} \cdot \min^{-1})$	背吃刀量 a_p/mm	编号	名称	
1							
2							

表2-7 数控加工走刀路线图

数控加工走刀路线图	零件图号		工序号		程序号	
机车型号	程序段号		加工内容		共 页 第 页	
					编程	
					校对	
					审核	
符号	⊙	⊗	◑	⊶	→	⤙	⊶⊶	⟋⟍	⊏⊐
含义	抬刀	下刀	编程原点	起刀点	走刀方向	走刀线相交	爬斜坡	绞孔	行切

4）数控刀具卡

刀具卡主要记录刀具编号、刀具名称及规格、刀片型号和材料等。它是组装刀具和调整刀具的依据，如表 2-8 所示。

表 2-8 数控刀具卡

产品名称或代号			零件名称		零件图号	
序号	刀具号	刀具名称及规格	数量	加工表面	刀尖半径/mm	备注
1						
2						

5）数控加工程序单

数控加工程序单是记录加工工艺过程、工艺参数、位移数据的清单，如表 2-9 所示。

表 2-9 数控加工程序单

零件号		零件名称		编程原点	
程序号		数控系统		编制	
程序内容			程序说明		

（二）编程指令

1. 轴向单一固定循环指令（G90）

对于切削过程相似的粗加工来说，为简化编程，可进行多次重复循环切削。

视频 2-1-6：
轴向单一固定
循环指令 G90
（圆柱面）

视频 2-1-7：
轴向单一固定
循环指令 G90
（圆锥面）

（1）指令功能：轴类零件的外圆、锥面的加工。

（2）指令格式：G90 X(U)＿ Z(W)＿ R ＿ F ＿；

其中：X，Z——圆柱面切削终点的绝对坐标值；

U，W——圆柱面切削终点相对于循环起点的相对坐标值；

F——切削进给率或进给速度，单位为 mm/r 或 mm/min，取决于该指令前面程序段的设置；

R——取值为圆锥面切削始点与圆锥面切削终点的半径差，有正、负号，当 R 值为 0 或取消时，主要用于加工圆柱面。

R 正负的判断如图 2-6 所示。

如果切削起点的 X 向坐标小于终点的 X 向坐标，R 值为负，反之为正。

（3）指令轨迹（G90）。1R 快速进刀（相当于 G00 指令）；2F 切削进给（相当于 G01 指令）；3F 退刀（相当于 G01 指令）；4R 快速返回（相当于 G00 指令）。

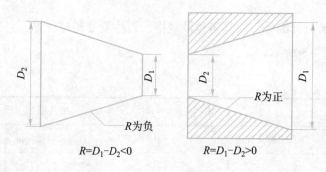

图 2-6 R 正负的判断

具体过程如图 2-7 和图 2-8 所示，刀具从循环起点开始按 1R→2F→3F→4R 路线循环，最后又回到循环起点。

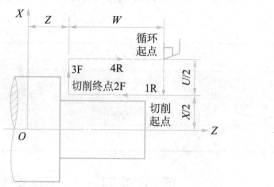

图 2-7 外圆切削循环

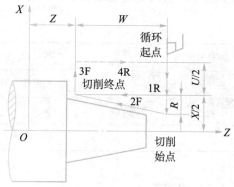

图 2-8 锥面切削循环

（4）主要应用：

①外圆柱面和外圆锥面。外圆柱面和外圆锥面如图 2-9 所示。

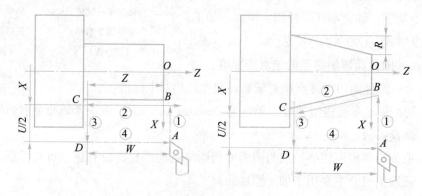

图 2-9 外圆柱面和外圆锥面

②内孔面和内锥面。内孔面和内锥面如图 2-10 所示。

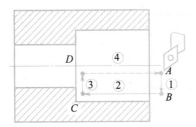 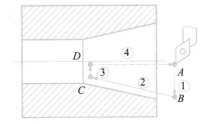

图 2 – 10　内孔面和内锥面

练一练

【例 2 – 1】　如图 2 – 11 所示零件，毛坯为 $\phi40$ mm $\times50$ mm 的铝合金，若加工 $\phi25$ mm 外圆至要求尺寸，试用 G90 编写加工程序。

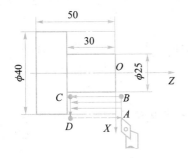

图 2 – 11　外圆切削
循环加工示例

视频 2 – 1 – 8：端面单一固定
循环指令 G94（直端面）

视频 2 – 1 – 9：端面单一固定
循环指令 G94（锥端面）

外圆加工参考程序如表 2 – 10 所示。

2. 端面单一固定循环指令（G94）

（1）指令功能：直端面、锥端面的加工。

（2）指令格式：G94 X（U）__ Z（W）__ R __ F __；

表 2 – 10　外圆加工参考程序（G90）

程　　序	说　　明
O0001；	程序名
G98 T0101 M03 S800；	选 90°外圆车刀，主轴正转，转速 800r/min
G00 X100 Z100；	快速定位
G00 X40 Z2；	快速进刀至循环起点 A 点
G90 X35 Z-30 F100；	外圆切削循环第一次
X30；	外圆切削循环第二次
X25.5；	外圆切削循环第三次

程　　序	说　　明
G00 X25 S1000；	快速进刀，准备精车
G01 Z-30 F80；	精车 φ25 mm 外圆至要求尺寸
X40；	精车 φ40 mm 右端面
G00 X100 Z100；	快速回换刀点
M30；	程序结束

其中：X，Z——端面切削终点的绝对坐标值；

　　　U，W——端面切削循环终点相对于起点的坐标值；

　　　F——切削进给率或进给速度，单位为 mm/r 或 mm/min，取决于该指令前面程序段的设置；

　　　R——端面切削的起点相对于终点在 Z 轴方向的坐标分量。当起点 Z 向坐标小于终点 Z 向坐标时 R 为负；反之为正。当 R 值为 0 或取消时，主要用于加工圆柱面。

（3）指令轨迹。1R 快速进刀（相当于 G00 指令）；2F 切削进给（相当于 G01 指令）；3F 退刀（相当于 G01 指令）；4R 快速返回（相当于 G00 指令）。

具体过程如图 2-12 和图 2-13 所示，刀具从循环起点开始按 1R→2F→3F→4R 路线循环，最后又回到循环起点。

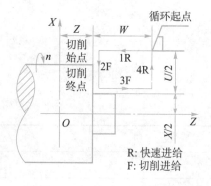

图 2-12　直端面切削循环

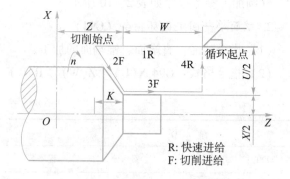

图 2-13　锥端面切削循环

练一练

【例 2-2】　用 G94 完成图 2-11 的编程。

图 2-11 直端面加工的参考程序（G94）如表 2-11 所示。

表 2 - 11　直端面加工参考程序（G94）

程　序	说　明
O0003；	程序名
T0101 M03 S800；	选 90°外圆车刀，主轴正转，转速 800r/min
G00 X100 Z100；	快速定位
G00 X42 Z0.5；	快速进刀至循环起点 A 点
G94 X25.5 Z-5 F100；	切削循环第一次
Z-10；	切削循环第二次
Z-15；	切削循环第三次
Z-20；	切削循环第四次
Z-25；	切削循环第五次
Z-30；	切削循环第六次
G00 X25 Z2 S1000；	快速进刀，准备精车
G01 Z-30 F80；	精车 ϕ25 mm 外圆至要求尺寸
X40；	精车 ϕ40 mm 右端面
G00 X100 Z100；	快速回换刀点
M30；	程序结束

 任务实施

1. 图样分析

如图 2-1 所示，该零件为由外圆锥面和外圆柱面构成的轴类零件，外圆直径和长度均为自由公差，表面粗糙度为 Ra1.6 μm，要求较高，可以通过粗、精加工两工序保证尺寸及粗糙度要求。

2. 加工方案

1）装夹方案

该零件采用三爪自定心卡盘夹持零件的毛坯外圆，确定伸出合适的长度（应将机床的限位距离考虑进去）。零件的加工长度为 68 mm，则零件伸出约 80 mm 装夹后找正工件。

2）位置点

（1）工件零点。设置在工件右端面与轴线的交点上。

（2）换刀点。为防止刀具与工件或尾座碰撞，换刀点设置在（X100，Z100）的位置上。

（3）起刀点。零件毛坯尺寸为 $\phi45$ mm×110 mm，该零件外轮廓的加工采用循环指令，为了使走刀路线短，减少循环次数，循环起点可以设置在（X46，Z2）的位置上。

3. 工艺路线的确定

（1）平端面。

（2）粗车各部分。

（3）沿零件轮廓连续精车。

（4）切断。

4. 制定工艺卡片

刀具的选择见表2-12刀具卡。

表2-12　刀具卡

产品名称 或代号			零件名称			零件图号	
序号	刀具号	刀具名称及规格	数量	加工表面	刀尖半径/mm		备注
1	T0101	90°外圆车刀	1	平端面、粗精车外轮廓	0.4		
2	T0202	切断刀	1	切断	$B=4$		左刀尖

车削用量的选择见表2-13工序卡。

表2-13　工序卡

数控加工工序卡			产品名称	零件名		零件图号	
工序号	程序编号	夹具名称	夹具编号	使用设备		车间	
工步号	工步内容	切削用量			刀具		备注
		主轴转速 $n/(\mathrm{r \cdot min^{-1}})$	进给速度 $f/(\mathrm{mm \cdot min^{-1}})$	背吃刀量 a_p/mm	编号	名称	
1	平端面	500			T0101	90°外圆车刀	手动
2	粗车	800	120	2	T0101	90°外圆车刀	自动
3	精车	1 000	100	0.5	T0101	90°外圆车刀	自动
4	切断	350			T0202	车断刀	手动

5. 编制程序

零件的加工程序如表2-14所示。

表2-14 任务一零件加工程序

程 序	说 明
O0005；	程序名
T0101 M03 S800；	换1号刀；主轴正转800 r/min
G00 X100 Z100；	安全点定位
G00 X46 Z2；	定位至循环起点
G90 X41 Z-73 F120；	切削 φ40 mm 外圆
X39 Z-35；	切削 φ37 mm 外圆
X35；	切削 φ34 mm 外圆
X31；	切削 φ30 mm 外圆
X29 Z-15；	切削 φ28 mm 外圆
G00 X32 Z2；	定位至循环起点
G90 X29 Z-15 R-4.02；	粗车30°圆锥
G00 X42；	定位至循环起点，粗车1:3圆锥
Z-33；	
G90 X41 Z-53 R-3；	粗车锥度1:3的圆锥
G00 X100 Z100；	退刀至安全点
M05；	粗车结束，测量
M00；	程序暂停
T0101 M03 S1000；	精车，主轴正转1 000 r/min
G00 X19.96 Z2；	定位
G01 Z0 F100；	到达30°圆锥的锥小端
X28 Z-15；	精车30°圆锥
X29；	沿端面退刀
X30 W-0.5；	倒角
Z-35；	精车 φ30 mm 外圆
X34；	沿端面退刀至锥度1:3的锥小端
X40 W-18；	精车锥度1:3的圆锥
Z-73；	精车 φ40 mm 外圆

续表

程 序	说 明
G00 X100 Z100;	退刀
M05;	主轴停转
M30;	程序结束

6. 零件加工

（1）机床开机、回参考点。

（2）装夹工件及刀具。

（3）对刀及设定工件坐标系。

（4）输入程序。

（5）图形模拟。

（6）自动加工。

（7）测量工件、修改刀补再加工。

（8）加工完卸下刀具、工件，关机，打扫机床。

（9）填写设备使用记录表。

（10）归还刀卡量具。

以后所有的零件加工均按照此步骤进行。

 任务评价

教师与学生评价表参见附表，包括程序与工艺评分表、安全文明生产评分表、工件质量评分表和教师与学生评价表。表2－15所示为本工件的质量评分表。

表2－15 工件质量评分表

工件质量评分表（40分）						
序号	考核项目	考核内容及要求		配分	评分标准	检测结果	得分
1	外圆	ϕ40mm	IT	2	超差0.01扣1分		
			Ra1.6 μm	2	降一级扣1分		
		ϕ30 mm	IT	2	超差0.01扣1分		
			Ra1.6 μm	2	降一级扣1分		
2	长度	68 mm	IT	3	超差不得分		
		18 mm	IT	3	超差不得分		
		35 mm	IT	3	超差不得分		
		15 mm	IT	3	超差不得分		

工件质量评分表（40分）						
序号	考核项目	考核内容及要求		配分	评分标准	检测结果	得分
3	圆锥	锥度1:3	IT	5	超差0.01扣2分 超差0.1此项不得分		
			Ra1.6 μm	5	降一级扣5分		
		30°圆锥	IT	5	超差0.01扣2分 超差0.1此项不得分		
			Ra1.6 μm	5	降一级扣5分		
总分							

任务二　复杂单调轮廓的数控车削编程与加工

任务描述

如图 2-14 所示零件，材料为 45 钢，未注长度尺寸允许偏差 ±0.1 mm，未注倒角为 C1，未注粗糙度值为 Ra3.2 μm，毛坯为 φ50 mm×100 mm。分析零件的加工工艺，完成零件的粗、精加工程序编制，并在数控车床上加工。

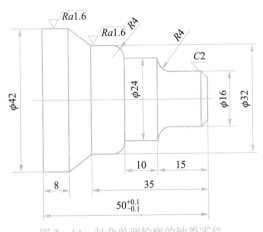

二维码
立体图视图

图 2-14　复杂单调轮廓的轴类零件

任务分析

1. 技术要求分析

该零件图有哪些技术要求？

2. 加工方案

1）装夹方案

加工该零件应采用何种装夹方案？

2）位置点选择

（1）工件零点设置在什么位置最好？

（2）换刀点应该设置在什么位置？说出理由。

（3）循环起刀点应该设置在什么位置？

3. 确定工艺路线

该零件的加工工艺路线应怎样安排？

相关知识

视频 2 - 2 - 1：
G02/G03 圆弧插补指令

1. 圆弧插补指令（G02/G03）

（1）指令功能：该指令用于控制刀架沿圆弧方向切削出圆弧轮廓（只适合于圆的加工，抛物线曲线、椭圆弧并不适合此种方法。其中，G02 为顺时针圆弧插补，G03 为逆时针圆弧插补）。

（2）指令格式：

①用 I，K 指定圆弧圆心的圆弧编程方法：

$$G02/G03 \quad X(U) \_\_ Z(W) \_\_ I \_\_ K \_\_ F \_\_;$$

其中：G02/G03——所要加工圆弧的顺逆；

X，Z——圆弧终点的绝对坐标；

U，W——圆弧终点相对于起点的增量坐标；

I，K——圆弧圆心相对于圆弧起点的增量，I = 圆心坐标 X – 圆弧起始点的 X 坐标，K = 圆心坐标 Z – 圆弧起始点的 Z 坐标；

F——进给速度。

②用 R 指定圆弧圆心的圆弧编程方法：

$$G02/G03 \quad X(U) \_\_ Z(W) \_\_ R \_\_ F \_\_;$$

其中：G02/G03——所要加工圆弧的顺逆；

X，Z——圆弧终点的绝对坐标；

U，W——圆弧终点相对于起点的增量坐标；

R——圆弧半径（若圆心角大于 180°，则 R 后面的数字取负，反之取正）；

F——进给速度。

注意：此种编程方法不能对整圆进行编程。

③圆弧顺逆的判断：逆着圆弧所在坐标系的第三条坐标轴的正方向看，看到的是圆弧实际的方向。对于车床来讲，外圆可以简单归结为凹顺凸逆，如图 2 - 15 所示。

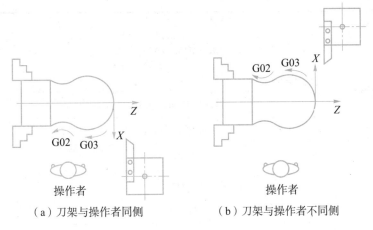

　　　　（a）刀架与操作者同侧　　　　　（b）刀架与操作者不同侧

图 2 – 15　刀架位置与圆弧顺逆方向的关系

练一练

【例 2 – 3】　如图 2 – 16 所示，毛坯材料为铝合金，已完成零件的粗加工，编写精加工程序。

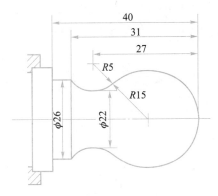

图 2 – 16　零件图

零件的精加工程序如表 2 – 16 所示。

表 2 – 16　圆弧切削参考程序

程　序	说　明
O0005；	程序名
T0101 M03 S1000；	选用外圆车刀，主轴正转，转速 1 000 r/min
G00 X100 Z100；	快速定位

续表

程　　序	说　　明
G00 X0 Z5;	定位至切削起始点
G01 X0 Z0 F100;	靠近工件
G03 X24 W−24 R15;	切削 $R15$ mm 圆弧段
G02 X26 Z−31 R5;	切削 $R5$ mm 圆弧段
G01 Z−40;	切削 $\phi26$ mm 外圆
X40;	沿 $\phi26$ mm 端面退刀
G00 X100 Z100;	返回换刀点
M30;	程序结束

2. 刀尖半径补偿

在加工锥形和圆弧形工件时，由于刀尖的圆度只用刀具偏置很难对精密零件进行所必需的补偿。刀尖半径补偿功能自动补偿这种误差。

视频 2 − 2 − 2：
刀尖半径补偿
（ G41/G42/G40 ）

1）假想刀尖

在图 2 − 17（b）中，在位置 A 的刀尖实际上并不存在。把实际的刀尖半径中心设在起始位置要比把假想刀尖设在起始位置困难得多，因而需要假想刀尖。

当使用假想刀尖时，编程中不需要考虑刀尖半径。当刀具设定在起始位置时，位置关系如图 2 − 17（b）所示。

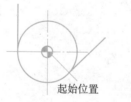

（a）使用刀尖中心编程时　　（b）使用假想刀尖编程时

图 2 − 17　刀尖半径中心和假想刀尖

如图 2 − 18 及图 2 − 19 所示，车外圆、端面时，刀具实际切削刃的轨迹与零件轮廓一致，并无误差产生。车锥面时，零件轮廓为实线，实际车出形状为虚线，产生欠切误差 δ。若零件精度要求不高或留有精加工余量，可忽略此误差，否则应考虑刀尖圆弧半径对零件形状的影响。

具有刀具半径补偿功能的数控系统可防止这种现象的产生，在编制零件加工程序时，以假想刀尖位置按零件轮廓编程，使用刀具半径补偿指令 G41、G42，由系统自动计算补偿值，生成刀具路径，完成对零件的合理加工。

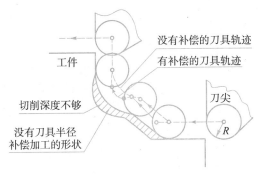

图 2-18 刀具半径补偿的刀具轨迹

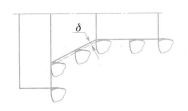

（a）车圆锥时产生的误差

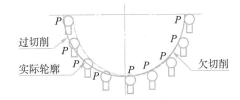

（b）车圆弧时产生的欠切削和过切削

图 2-19 误差及过切削和欠切削

2）刀具半径补偿参数及设置

（1）刀尖半径。补偿刀尖圆弧半径大小后，刀具自动偏离零件半径距离，因此，必须将刀尖圆弧半径尺寸值输入系统的存储器中。一般粗加工取 0.8 mm，半精加工取 0.4 mm，精加工取 0.2 mm。若粗、精加工采用同一把刀，一般刀尖半径取 0.4 mm。

（2）车刀形状和位置。车刀形状不同，决定刀尖圆弧所处的位置不同，执行刀具补偿时，刀具自动偏离零件轮廓的方向也就不同。因此，也要把代表刀尖形状和位置的参数输入到存储器中，车刀形状和位置参数称为刀尖方位 T，如图 2-20 所示，共有 9 种，分别用参数 0~9 表示，P 为理论刀尖点。

3）指令详解

（1）刀具半径补偿指令：G41、G42、G40。

如图 2-21 所示，逆着 Y 轴正向看，顺着刀具运动方向，刀具在零件的左边称为左补偿，使用 G41 指令；刀具在零件的右边称为右补偿，使用 G42 指令；

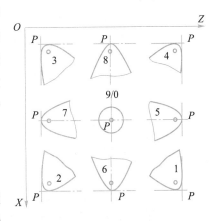

图 2-20 刀尖方位

G40 为取消刀具半径补偿指令，使用该指令后，G41、G42 指令失效，即假想刀尖轨迹与编程轨迹重合。

（2）指令说明：

①G41、G42、G40 指令应与 G01、G00 指令在同程序段出现，通过直线运动建立或取消刀补。

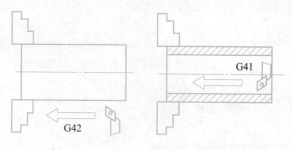

图 2 – 21　刀具半径补偿

②G41、G42、G40 为模态指令。

③G41、G42 不能同时使用，即在程序中，前面程序段有了 G41 后，就不能接着使用 G42，应先用 G40 指令解除 G41 刀补状态后，才可使用 G42 刀补指令。

4）刀具半径补偿的其他应用

（1）当刀具磨损或刀具重磨后，刀尖圆弧半径变大，这时只需重新设置刀尖圆弧半径的补偿量，而不必修改程序。

（2）应用刀具半径补偿，可使用同一加工程序，对零件轮廓分别进行粗、精加工，若精加工余量为 a，则粗加工时设置补偿量为 $a+r$，精加工时设置补偿量为 r 即可。

5）注意事项

（1）在录入方式（MDI）下不能执行刀补 C 建立，也不能执行刀补 C 撤销。

（2）刀尖半径 R 值不能输入负值，否则运行轨迹出错。

（3）刀尖半径补偿的建立与撤销只能用 G00 或 G01 指令，不能用圆弧指令（G02 或 G03）；否则会产生报警。

（4）在程序结束前必须指定 G40 取消偏置模式；否则，再次执行时刀具轨迹偏离一个刀尖半径值。

（5）在主程序和子程序中使用刀尖半径补偿，在调用子程序（即执行 M98）前，数控机床必须在主程序中取消补偿，在子程序中再次建立刀补。

练一练

【例 2 – 4】　考虑刀尖圆弧半径补偿，编制如图 2 – 16 所示零件的精加工程序。

图 2 – 16 所示零件的精加工程序如表 2 – 17 所示。

表 2 – 17　圆弧切削参考程序

程　　序	说　　明
O0007；	程序名
T0101 M03 S1000；	选用外圆车刀，主轴正转，转速 1 000 r/min
G00 X100 Z100；	快速定位换刀点

续表

程 序	说 明
G40 G00 X0 Z2;	定位至起始点
G01 Z0 F100;	靠近工件
G03 X24 W−24 R15;	切削 $R15$ mm 圆弧段
G02 X26 Z−31 R5;	切削 $R5$ mm 圆弧段
G01 Z−40;	切削 $\phi26$ mm 外圆
X40;	沿 $\phi26$ mm 端面退刀
G40 G00 X100 Z100;	返回换刀点
M30;	程序结束

3. 毛坯内（外）径粗车复合循环指令（G71）

指令格式：

G71 U(Δd) R(e);

G71 P(ns) Q(nf) U(Δu) W(Δw) F(f) S(s) T(t);

其中：Δd——每次 X 向循环的切削深度（半径值，无正负号）；

视频 2−2−3：毛坯内外径
粗车复合固定循环（G71）

e——每次 X 向退刀量（半径值，无正负号）；

ns——精加工轮廓程序段中的开始程序段号；

nf——精加工轮廓程序段中的结束程序段号；

Δu——X 方向精加工余量（直径值）；

Δw——Z 方向精加工余量；

f, s, t——F, S, T 指令。

如图 2−22 所示为 G71 指令循环轨迹。

注意：

（1）Δu、Δw 精加工余量的正负判断。

（2）ns~nf 程序段中的 F、S 或 T 功能在 G71 循环时无效；而在 G70 循环时，ns~nf 程序段中的 F、S 或 T 功能有效。

（3）ns~nf 程序段中恒线速功能无效，只能有 G 功能：G00、G01、G02、G03、G04、G96、G97、G98、G99、G40、G41、G42 指令。

（4）G96、G97、G98、G99、G40、G41、G42 指令在执行 G71 循环时无效，执行 G70 精加工循环时有效。

（5）ns~nf 程序段中不能调用子程序。

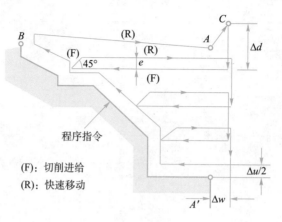

图 2 - 22　G71 指令循环轨迹

（6）零件轮廓 $A \sim B$ 间必须符合 X 轴、Z 轴方向同时单向增大或单向递减。

（7）ns 程序段中可含有 G00、G01 指令，不允许含有 Z 轴运动指令。

4. 精加工指令（G70）

指令格式：G70 P(ns) Q(nf) ;

指令功能：刀具从起点位置沿着 ns ~ nf 程序段给出的工件精加工轨迹进行精加工。

其中：ns——精车轨迹的第一个程序段的程序段号；

　　　nf——精车轨迹的最后一个程序段的程序段号；

　　　G70——指令轨迹由 ns ~ nf 之间程序段的编程轨迹决定。

注意：

（1）G70 必须在 ns ~ nf 程序段后编写。

（2）执行 G70 精加工循环时，ns ~ nf 程序段中的 F、S、T 指令有效。

（3）在 G70 指令执行过程中，可以停止自动运行并手动移动，但要再次执行 G70 循环时，必须返回到手动移动前的位置。如果不返回就继续执行，后面的运行轨迹将错位。

（4）执行进给保持、单程序段的操作，在运行完当前轨迹的终点后程序暂停。

（5）在录入方式中不能执行 G70 指令，否则产生报警。

（6）在同一程序中需要多次使用复合循环指令时，ns ~ nf 不允许有相同程序段号。

（7）G70 为精车循环，该指令不能单独使用，需跟在粗车复合循环指令 G71、G72、G73 之后。

练一练

【例 2 - 5】　已知零件毛坯 $\phi 60$ mm × 100 mm，材料为铝合金。采用 G71、G70 指令编写如图 2 - 23 所示的零件尺寸粗、精加工程序。

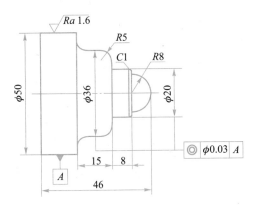

图 2 - 23 零件尺寸

图 2 - 23 所示的零件尺寸粗、精加工参考程序如表 2 - 18 所示。

表 2 - 18 图 2 - 23 零件加工参考程序及说明

程 序	说 明
O0009;	程序名
T0101 M03 S800;	选用外圆车刀,主轴正转,转速为 800 r/min
G00 X100 Z100;	快速定位换刀点
G00 X60 Z2;	快速进刀至循环起点 A 点
G71 U2 R0.5;	定义粗车循环,背吃刀量 2.5 mm,退刀量 0.5 mm
G71 P70 Q160 U1 W0.5 F120;	精车路线由 N70 ~ N160 指定,X 方向精车余量 0.5 mm,Z 方向精车余量 0.5 mm
N70 G42 G00 X0;	精加工轮廓起始段,调用右刀补
G01 Z0 F100; G03 X16 W-8 R8; G01 X18; X20 W-1; Z-16; X26; G03 X36 W-5 R5; G01 W-5; G02 X46 W-5 R5; G01 X50; Z-16;	精加工轨迹
N160 G40 X55;	精加工轮廓结束段,取消刀补
G00 X100 Z100;	快速回换刀点

续表

程　序	说　明
M05；	主轴停转
M00；	程序暂停
M03 S1000；	主轴正转，转速 1 000 r/min
T0101；	调用刀补
G00 X60 Z2；	定位至循环起点
G70 P70 Q160；	定义 G70 精车循环，精车各外圆表面
G00 X100 Z100；	快速回换刀点
M30；	程序结束

 任务实施 ≫

1. 图样分析

如图 2-14 所示，该零件为由外圆锥面、外圆柱面和圆弧面构成的轴类零件，$\phi 42$ mm、$\phi 32$ mm 表面粗糙度为 $Ra1.6$ μm，要求较高，可以通过粗、精加工两工序保证尺寸及粗糙度要求。其余面的粗糙度为 $Ra3.2$ μm，外圆直径和长度均为自由公差，总长上、下公差为 0.1 mm。

2. 加工方案

1）装夹方案

该零件采用三爪自定心卡盘夹持零件的毛坯外圆，确定伸出合适的长度（应将机床的限位距离考虑进去）。零件的加工长度为 50 mm，则零件伸出约 70 mm 装夹后找正工件。

2）位置点

（1）工件零点。设置在工件右端面上与轴线的交点上。

（2）换刀点。为防止刀具与工件或尾座碰撞，换刀点设置在（X100，Z100）的位置上。

（3）起刀点。零件毛坯尺寸为 $\phi 50$ mm × 100 mm，该零件外轮廓的加工采用循环指令，为了使走刀路线短，减少循环次数，循环起点可以设置在（X50，Z2）的位置上。

3. 工艺路线的确定

（1）平端面。

（2）粗车各部分。

（3）沿零件轮廓连续精车。

（4）切断。

4. 制定工艺卡片

刀具选择见表 2 – 19 刀具卡。

表 2 – 19　刀具卡

产品名称或代号			零件名称			零件图号	
序号	刀具号	刀具名称及规格	数量	加工表面		刀尖半径/mm	备注
1	T0101	90°外圆车刀	1	平端面、粗精车外轮廓		0.2	
2	T0202	切断刀	1	切断		$B = 4$	左刀尖

车削用量的选择见表 2 – 20 工序卡。

表 2 – 20　工序卡

数控加工工序卡		产品名称		零件名		零件图号	
工序号	程序编号	夹具名称		夹具编号	使用设备		车间
工步号	工步内容	切削用量			刀具		备注
		主轴转速 $n/(\text{r} \cdot \text{min}^{-1})$	进给速度 $f/(\text{mm} \cdot \text{r}^{-1})$	背吃刀量 a_{p}/mm	编号	名称	
1	平端面	500			T0101	90°外圆车刀	手动
2	粗车	800	120	2	T0101	90°外圆车刀	自动
3	精车	1 000	100	0.5	T0101	90°外圆车刀	自动
4	切断	400			T0202	车断刀	手动

5. 编制程序

零件的程序如表 2 – 21 所示。

表 2 – 21　任务二零件加工程序（G71、G70 指令）

程　　序	说　　明
O0010;	程序名
G98 T0101 M03 S800;	选用外圆车刀，主轴正转，转速为 800 r/min
G00 X100 Z100;	快速定位换刀点

续表

程　序	说　明
G00 X50 Z2；	快速进刀至循环起点 A 点
G71 U2 R0.5；	定义粗车循环，背吃刀量 2.0 mm，退刀量 0.5 mm
G71 P1 Q2 U1 W0 F120；	精车路线由 N1～N2 指定，X 方向精车余量 0.5 mm，Z 方向精车余量 0 mm
N1 G42 G00 X12；	精加工轮廓起始段，调用右刀补
G01 X16 W-2 F100； Z-11； G02 X24 Z-15 R4； G01 W-10； G03 X32 W-4 R4； G01 Z-35； X42 W-7； W-8；	精加工轨迹
N2 G40 X45；	精加工轮廓结束段，取消刀补
G00 X100 Z100；	快速回换刀点
M05；	主轴停转
M00；	程序暂停
M03 S1000；	主轴正转，转速 1 000 r/min
T0101；	调用刀补
G00 X50 Z2；	定位至循环起点
G70 P1 Q2；	定义 G70 精车循环，精车各外圆表面
G00 X100 Z100；	快速回换刀点
M30；	程序结束

6. 零件加工

按表 2 - 21 所示程序加工零件。

 任务评价 ▶▶

教师与学生评价表参见附表，包括程序与工艺评分表、安全文明生产评分表、工件质量评分表和教师与学生评价表。表 2 - 22 所示为本工件的质量评分表。

表 2-22　工件质量评分表

工件质量评分表（40分）						
1	外圆	φ42 mm	IT	2	超差0.01扣1分	
			Ra1.6 μm	3	降一级扣1分	
		φ32 mm	IT	2	超差0.01扣1分	
			Ra1.6 μm	3	降一级扣1分	
		φ24 mm	IT	2	超差0.01扣1分	
			Ra3.2 μm	2	降一级扣1分	
		φ16 mm	IT	2	超差0.01扣1分	
			Ra3.2 μm	2	降一级扣1分	
2	长度	50 mm	IT	4	超差不得分	
		8 mm	IT	3	超差不得分	
		35 mm	IT	3	超差不得分	
		10 mm	IT	3	超差不得分	
		15 mm	IT	3	超差不得分	
3	圆弧	R4 mm	IT	3	超差不得分	
4	倒角	C2 mm	IT	3	超差不得分	
总分						

任务三　仿形轮廓的数控车削编程与加工

任务描述

　　如图 2-24 所示的零件，未注长度尺寸允许偏差 ±0.1 mm，未注倒角为 C1，未注粗糙度值为 Ra3.2 μm，毛坯为 φ30 mm×120 mm 的棒料，材料为 45 钢。分析零件的加工工艺，完成零件的粗、精加工程序编制，并在数控车床上加工。

任务分析

　　1. 技术要求分析
　　该零件图有哪些技术要求？

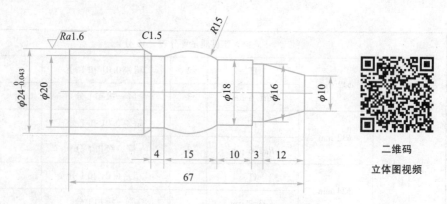

图 2 - 24　仿形轮廓的轴类零件

2. 加工方案

1）装夹方案

加工该零件应采用何种装夹方案？

2）位置点选择

（1）工件零点设置在什么位置最好？

（2）换刀点应设置在什么位置？说出理由。

（3）循环起刀点应设置在什么位置？

3. 确定工艺路线

该零件的加工工艺路线应怎样安排？

视频 2 - 3 - 1：仿形粗车复合
固定循环指令（G73）

相关知识

仿形车削循环加工指令（G73）：主要用于车削固定轨迹的轮廓，这种切削循环可以有效切削铸造成形、锻造成形或已粗加工成形的工件。对不具备类似成形条件的工件，若采用 G73 指令进行编程与加工，反而会增加刀具在切削过程中的空行程，而且也不便于计算粗车余量。

（1）指令格式：

G73 U（Δi）W（Δk）R（d）；

G73 P（ns）Q（nf）U（Δu）W（Δw）F（f）S（s）T（t）；

其中：Δi——X 向总退刀距离（半径值）；

　　　Δk——Z 向总退刀距离；

　　　d——分割次数，这个值与粗加工重复次数相同；

　　　ns——精加工形状程序的第一个段号；

　　　nf——精加工形状程序的最后一个段号；

　　　Δu——X 向精加工余量（直径值）；

　　　Δw——Z 向精加工余量。

（2）指令说明：

G73 复合循环的轨迹如图 2-25 所示。

刀具从循环起点（G 点）开始，快速退刀至 D 点（在 X 向的退刀量为 $\Delta u/2 + \Delta i$，在 Z 向的退刀量为 $\Delta w + \Delta k$）；快速进刀至 E 点（E 点坐标值由 A 点坐标、精加工余量、退刀量 Δi 和 Δk 及粗切次数确定）；沿轮廓形状偏移一定值后进行切削至 F 点；快速返回 D_1 点，准备第二层循环切削；如此分层（分层次数由循环程序指定的参数 d 确定）切削至循环结束后，快速退回循环起点（G 点）。A 点和 B 点间的运动指令指定在从顺序号 ns ~ nf 的程序段中。

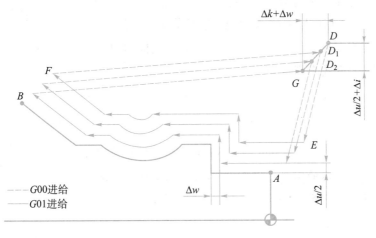

图 2-25　G73 指令运行轨迹

①ns ~ nf 程序段中的 F、S、T 功能在循环时无效，而在 G70 时有效。

②Δu、Δw 精加工余量的正、负判断如图 2-26 所示。

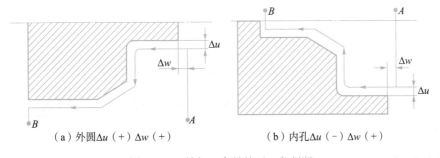

（a）外圆 Δu（＋）Δw（＋）　　　（b）内孔 Δu（－）Δw（＋）

图 2-26　精加工余量的正、负判断

（3）使用内、外圆复合固定循环（G71、G73、G70）的注意事项如下：

①G71 固定循环主要用于对径向尺寸要求比较高、轴向尺寸大于径向切削尺寸的毛坯工件进行粗车循环。编程时，X 向的精车余量取值一般大于 Z 向精车余量的取值。有单调递增或单调递减形式的限制。

②G73 固定循环主要用于已成形工件的粗车循环，其精车余量根据具体的加工要求和加工

形状来确定。G73 程序段中，"ns"所指程序段可以向 X 轴或 Z 轴的任意方向进刀；G73 循环加工的轮廓形状，没有单调递增或单调递减形式的限制。

③使用内、外圆复合固定循环进行编程时，在其 ns ~ nf 之间的程序段中，不能含有以下指令：固定循环指令、参考点返回指令、螺纹切削指令、宏程序调用或子程序调用指令。

④执行 G71、G73 循环时，只有在 G71、G73 指令的程序段中，F、S、T 功能才是有效的，在调用的程序段 ns ~ nf 之间编入的 F、S、T 功能将被全部忽略。相反，在执行 G70 精车循环时，在 G71、G72、G73 指令的程序段中，F、S、T 功能无效。这时在程序段 ns ~ nf 之间编入的 F、S、T 功能将有效。

⑤在 G71、G73 程序段中的 Δw、Δu 是指精加工余量值，该值按其余量的方向有正、负之分，其正、负值是根据刀具位置各进刀、退刀方式来判定的。

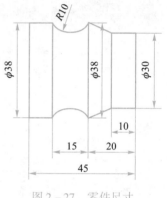

图 2 - 27　零件尺寸

练一练

【例 2 - 6】　毛坯为 $\phi50$ mm × 80 mm 的棒料，材料为铝合金。按图 2 - 27 所示的零件尺寸编写 G73 + G70 切削循环加工程序。参考程序见表 2 - 23。

表 2 - 23　参考程序及说明

程　序	说　明
O0001；	程序名
M03 S800 T0101；	选用外圆车刀，主轴正转，转速为 800 r/min
G00 X100 Z100；	快速定位换刀点
G00 X50 Z2；	快速进刀至循环起点
G73 U10 W10 R5；	定义粗车循环，X、Z 向退刀量 10 mm，切削 5 次
G73 P1 Q2 U1 W0 F120；	精车路线由 N1 ~ N2 指定，X 向精车余量 0.5 mm，Z 向精车余量 0.5 mm
N1 G42 G00 X30；	精加工轮廓起始段，调用右刀补
G01 Z-10 F100；	
X38 Z-20；	
G02 X38 W-15 R10；	精加工轨迹
G01 Z-45；	

程　　序	说　　明
N2 G40 X55;	精加工轮廓结束段，取消刀补
G00 X100 Z100;	快速回换刀点
M05;	主轴停转
M00;	程序暂停
M03 S1200;	主轴正转，转速 1 200 r/min
T0101;	调用刀补
G00 X50 Z2;	定位至循环起点
G70 P1 Q2;	定义 G70 精车循环，精车各外圆表面
G00 X100 Z100;	快速回换刀点
M30;	程序结束

 任务实施

1. 图样分析

如图 2-24 所示，该零件为由外圆锥面、外圆柱面和圆弧面构成的轴类零件，ϕ24 mm 的外圆表面粗糙度为 Ra1.6 μm，要求较高，可以通过粗、精加工两工序保证尺寸及粗糙度要求，其余外圆直径和长度均为自由公差，容易保证。

2. 加工方案

1）装夹方案

该零件采用三爪自定心卡盘夹持零件的毛坯外圆，确定伸出合适的长度（应将机床的限位距离考虑进去）。零件的加工长度为 67 mm，则零件伸出约 80 mm 装夹后找正工件。

2）位置点

（1）工件零点。设置在工件右端面上。

（2）换刀点。为防止刀具与工件或尾座碰撞，换刀点设置在（X100，Z100）的位置上。

（3）起刀点。零件毛坯尺寸为 ϕ30 mm×120 mm，该零件外轮廓的加工采用循环指令，为了使走刀路线短，减少循环次数，循环起点可以设置在（X32，Z2）的位置上。

3. 工艺路线的确定

（1）平端面。

（2）粗车各部分。

（3）沿零件轮廓连续精车。

（4）切断。

4. 制定工艺卡片

刀具选择见表2-24刀具卡。

表2-24　刀具卡

产品名称或代号			零件名称			零件图号	
序号	刀具号	刀具名称及规格	数量	加工表面	刀尖半径/mm		备注
1	T0101	90°外圆车刀	1	平端面、粗精车外轮廓	0.2		
2	T0202	切断刀	1	切断	$B=4$		左刀尖

车削用量的选择见表2-25工序卡。

表2-25　工序卡

数控加工工序卡		产品名称		零件名		零件图号	
工序号	程序编号	夹具名称		夹具编号	使用设备		车间
工步号	工步内容	切削用量			刀具		备注
		主轴转速 $n/(\text{r} \cdot \text{min}^{-1})$	进给速度 $f/(\text{mm} \cdot \text{r}^{-1})$	背吃刀量 a_p/mm	编号	名称	
1	平端面	500			T0101	90°外圆车刀	手动
2	粗车	800	120	2	T0101	90°外圆车刀	自动
3	精车	1 000	100	0.5	T0101	90°外圆车刀	自动
4	切断	400			T0202	车断刀	手动

5. 编制程序

零件加工的程序如表2-26所示。

表2-26　任务三零件加工参考程序（G73、G70指令）

程　　序	说　　明
O0013;	程序名
T0101 M03 S800;	选用外圆车刀，主轴正转，转速为800 r/min

程　序	说　明
G00 X100 Z100；	快速定位换刀点
G00 X30 Z2；	快速进刀至循环起点 A 点
G73 U10 W10 R5；	定义粗车循环，X、Z 向退刀量 10 mm，切削 5 次
G73 P1 Q2 U0.5 W0 F120；	精车路线由 N1～N2 指定，X 向精车余量 0.5 mm，Z 向精车余量 0.5 mm
N1 G42 G00 X10；	精加工轮廓起始段，调用右刀补
G01 X16 Z−12 F100；	
W−3；	
X18；	
W−10；	
G03 X20 W−15 R15；	精加工轨迹
G01 W−4；	
X21；	
X24 Z−1.6；	
Z−67；	
N2 G40 X30；	精加工轮廓结束段，取消刀补
G00 X100 Z100；	快速回换刀点
M05；	主轴停转
M00；	程序暂停
M03 S1000；	主轴正转，转速 1 000 r/min
T0101；	调用刀补
G00 X30 Z2；	定位至循环起点
G70 P1 Q2；	定义 G70 精车循环，精车各外圆表面
G00 X100 Z100；	快速回换刀点
M30；	程序结束

6. 零件加工

按表 2−26 所示程序加工零件。

 任务评价

教师与学生评价表参见附表，包括程序与工艺评分表、安全文明生产评分表、工件质量评分表和教师与学生评价表。表 2 – 27 所示为本工件的质量评分表。

表 2 – 27　工件质量评分表

序号	考核项目	考核内容及要求		配分	评分标准	检测结果	得分
工件质量评分表（40分）							
1	外圆	$\phi24$ mm	IT	3	超差 0.01 扣 1 分		
			$Ra1.6$ μm	3	降一级扣 1 分		
		$\phi20$ mm	IT	2	超差 0.01 扣 1 分		
		$\phi18$ mm	IT	2	超差 0.01 扣 1 分		
		$\phi16$ mm	IT	2	超差 0.01 扣 1 分		
		$\phi10$ mm	IT	2	超差 0.01 扣 1 分		
2	长度	67 mm	IT	3	超差不得分		
		4 mm	IT	3	超差不得分		
		15 mm	IT	3	超差不得分		
		10 mm	IT	3	超差不得分		
		3 mm	IT	3	超差不得分		
		12 mm	IT	3	超差不得分		
3	圆弧	$R15$ mm	IT	4	超差不得分		
4	倒角	$C1.5$ mm	IT	4	超差不得分		
总分							

槽的数控车削编程与加工

学习情境

在回转类零件上，由于工作情况和结构工艺性的需要会有不同深度和宽度的沟槽，外圆及轴肩部分的沟槽称为外沟槽。车外沟槽车槽刀安装要垂直于工件中心线，切槽时刀具沿着 X 向进给切削力很大，因此要选择合适的进给速度和主轴转速。较深的槽可以分多次进刀，切一定深度退出一段距离以便顺利排屑；宽度较窄、精度不大的槽可选用与槽宽相等的切槽刀一次车出，用 G01 指令来实现；宽槽应采用排刀的方式先粗加工后精加工。对于多槽和宽槽的加工，为了使程序简化，可以用子程序和切槽循环指令 G75 来编制加工程序；为了使槽底比较光滑圆整，可以使用 G04 暂停指令在刀具切削到槽的底部时暂停进给动作来修光槽底。

【知识目标】

◇ 掌握暂停指令 G04 的应用；
◇ 掌握应用子程序（M98、M99）切削不等距槽、等距槽的程序编制方法；
◇ 掌握应用切槽循环 G75 加工等距槽、宽槽、深槽的方法。

【能力目标】

◇ 能进行零件图的分析，从零件图中了解零件的技术要求，零件的结构及几何形状，零件的尺寸精度、形位精度、表面精度等指标；
◇ 能根据所加工的零件正确选择加工设备、确定装夹方案、选择刃具量具、确定工艺路线、编制工艺卡和刀具卡；
◇ 能用子程序和切槽循环指令编制槽类零件的加工程序。

【思政目标】

◇ 小组学习的过程中，具备发现问题解决问题的能力；具有团队协作，提炼总结，科学合理制定、实施工作计划的能力；
◇ 上机床操作具备良好的心理素质和克服困难的能力；
◇ 成果展示阶段，具有进行自我批评和自我检查的能力。

榜样故事 3
《大国工匠·匠心报国》
顾春燕：巧手点亮雷达之眼

任务描述

如图 3-1 所示多槽轴的零件图，毛坯为 $\phi 35$ mm×90 mm 的棒料，材料为 45 钢；未注倒角全部为 C1，未注长度尺寸允许偏差 ±0.1 mm。分析零件的加工工艺，编制其上槽的加工程序，并在数控机床上加工。

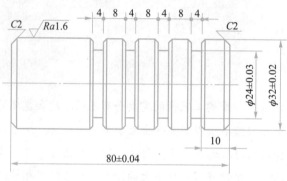

二维码　立体图视频

图 3-1　多槽轴

任务分析

1. 技术要求分析

如图 3-1 所示工件为一多槽轴，槽的宽度、深度都相同，具有一定的规律性，切削每一个槽的走刀路线都相同，切槽的程序就要重复编写。为了使程序简短，可采用 M98 调用子程序方式，通过调用 4 次子程序加工该零件。槽的宽度较窄、深度较深，为了避免排屑不畅，使刀具前刀面压力过大出现扎刀和折断刀具的现象，应采用分次进刀的方式，刀具在切入工件一定深度后，停止进刀并回退一段距离，达到断屑和排屑的目的。零件的设计基准有哪些？有哪些技术要求？槽的宽度怎么保证？

2. 编制加工程序

依据上个任务，同学们能否编写多槽轴上槽的加工程序？

3. 加工方案

1）装夹方案

加工该零件应采用何种装夹方案？以什么位置作为定位基准？

2）位置点选择

（1）工件零点应该设置在什么位置最好？

（2）换刀点设置在什么位置？说出理由。

4. 确定工艺路线

该零件的加工工艺路线应怎样安排？

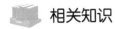 **相关知识**

（一）槽的加工工艺

视频 3 – 1 – 1：槽的数控
车削加工工艺

确定槽的加工工艺，要服从于整个零件加工的需要，同时还要考虑到槽加工的特点。槽的种类很多，根据沟槽宽度不同，槽分为窄槽和宽槽两种。沟槽的宽度不大，采用刀头宽度等于槽宽的车刀，一次车出的沟槽称为窄槽。沟槽宽度大于切槽刀刀头宽度的槽称为宽槽。如果考虑其加工特点，大体可以这样分类：单槽、多槽、宽槽及异型槽。但加工时可能会遇到各种形式的叠加，如单槽可能是深槽，也可能是宽槽。

1. 零件的装夹

切槽的方法中最常用的是直接成形法，一般情况下槽的宽度就是切槽刀刀刃的宽度，也就等于背吃刀量 a_p，这样将产生较大的切削力。同时大量的槽是位于零件的外圆上的，切槽时主切削力的方向与工件轴线垂直，这样会影响到工件的稳固性。在数控车床上进行槽加工一般可采用下面两种装夹方式：

（1）利用软卡爪装夹。利用软卡爪并适当增加夹持面的长度，以保持定位准确，装夹稳固。

（2）采用一夹一顶方式装夹。利用尾座及顶尖做辅助，采用一夹一顶的方式，最大限度保证零件的稳固性。

2. 槽的加工方法

（1）宽度、深度值相对不大，精度不高的槽的加工。宽度、深度值相对不大，且精度要求不高的槽加工可采用与槽等宽的刀具，直接切入一次成形的方法加工，如图 3 – 2 所示。刀具切入槽底后可利用延时暂停指令 G04，使刀具短暂停留以修光槽的底部，退刀时要考虑槽两侧平面的精度要求，若精度要求高，则退出时用 G01 退刀，若精度要求不高则用 G00 快速退刀。

（2）深槽加工。对于宽度值不大，但深度值较大的深槽零件，为避免切槽过程中由于排泄不畅，使刀具前刀面压力过大出现扎刀和折断刀具的现象，应采用分次进刀的方式，刀具在切入工件一定深度后，停止进刀并回退一段距离，达到断屑和排屑的目的，如图 3 – 3 所示，同时注意选择强度较高的刀具。

（3）宽槽加工。通常把大于一个切槽刀宽度的槽称为宽槽。宽槽的宽度和深度的精度要求及表面质量相对较高，在切削宽槽时常用排刀的方式进行粗切，如图 3 – 4 所示，然后用精切槽刀沿槽的一侧切至槽底，精加工槽底至槽的另一侧面，并对其进行精加工。

（4）异型槽加工。对于异型槽的加工，较小的异型槽一般用成形刀车削完成；较大的异型槽，大多采用先切直槽然后修整轮廓的方法完成。

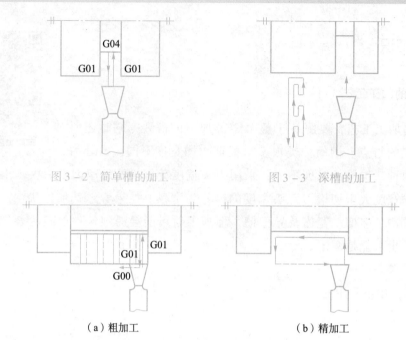

图 3 - 2　简单槽的加工　　　　图 3 - 3　深槽的加工

（a）粗加工　　　　　　　　　（b）精加工

图 3 - 4　宽槽的加工

3. 刀具的选择及刀位点的确定

切槽及切断选用的刀具，刀具上有左、右两个刀尖及切削中心处 3 个刀位点，如图 3 - 5 所示，在编写加工程序时应采用其中之一作为刀位点，一般常用刀位点 1。

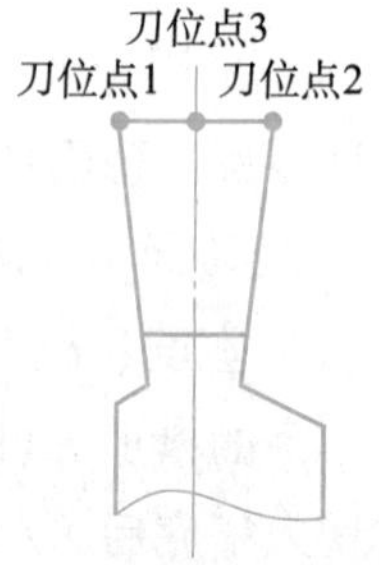

4. 切槽与切断编程中应注意的问题

（1）在整个加工程序中应采用同一个刀位点。

（2）注意合理安排切槽后的退刀路线，避免刀具与零件碰撞，造成车刀及零件的损坏，如图 3 - 6 所示。

（3）切槽时，刀刃宽度、切削速度和进给量都不宜太大，具体可参考有关手册。

图 3 - 5　切刀的刀位点

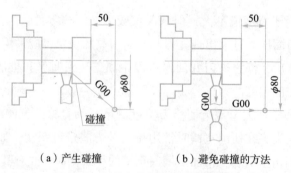

（a）产生碰撞　　　　　　　　（b）避免碰撞的方法

图 3 - 6　切槽与切断编程中退刀路线

5. 切削用量与切削液的选择

背吃刀量、进给量和切削速度是切削用量的三要素。由于切槽时背吃刀量等于或稍小于切槽刀的宽度，所以背吃刀量的大小可以调节的范围较小。要增加切削稳定性，提高切削效率，只能改变切削速度和进给速度。在数控车床上，切削速度可以选择 500 ~ 700 r/min，进给速度选择 20 ~ 150 mm/min。需要注意的是在切槽中容易产生振动现象，这往往是进给速度过低、线速度与进给速度搭配不当造成的，需及时调整，保证稳定切削。切槽过程中，为了解决由于切槽刀刀头面积小、散热条件差、容易产生高温，而降低刀片切削性能的问题，可以选择冷却性能较好的乳化类切削液进行喷注，使刀具充分冷却。

6. 槽的检查和测量

对于精度要求低的槽可直接用钢直尺测量。精度要求高的槽通常用千分尺测量，还可以用样板、游标卡尺测量，如图 3 - 7 所示。

  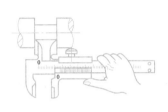

（a）千分尺测量外槽直径 　（b）样板测量外槽宽度 　（c）游标卡尺测量外槽宽度

图 3 - 7　槽的检查与测量方法

（二）编程指令

1. 暂停指令（G04）

（1）指令格式：G04 P ___ 或 G04 X(U)___；

暂停时间的长短可以通过地址 P 或 X(U) 来制定。其中 P 后面的数字为整数，单位为 ms；X(U) 后面的数字为带小数点的数，单位为 s。

视频 3 - 1 - 2：
简单槽的加工及
暂停指令（G04）

（2）指令功能：该指令可以使刀具做短时间的无进给光整加工，以降低表面粗糙度，保证工件圆柱度。在车槽、钻镗孔时使用，也可用于拐角轨迹控制。用暂停指令 G04 可以使工件空转几秒，即能将环形槽外形做光整加工。例如，空转 2.5s 时，其程序段如下：G04 X2.5 或 G04 U2.5 或 G04 P2500。

G04 为非模态指令，只在本程序段中有效。

切简单的槽可用直线插补指令 G01 垂直于轴线方向切削，选择合适的进给速度即可。

2. 切槽循环指令（G75）

（1）指令功能：用于加工径向环形槽和切断加工。加工中径向断续切削起到断屑、及时排屑的作用，特别是加工宽槽。

视频 3 - 1 - 3：
切槽循环指令（G75）

（2）指令格式：

G00 X(a) Z(b)；

G75 R(Δe)；

G75 X(c) Z(d) P(Δi) Q(Δk) R(Δw) F(f);

其中：a，b——切槽起始点坐标，a 应比槽口最大直径（有时在槽的左右两侧直径是不同的）大 2～3 mm，以免在刀具快速移动时发生撞刀；b 与切槽起始点位置从左侧或右侧开始有关（优先选择从右侧开始）。

    c——槽底直径。

    d——切槽时的 Z 向终点位置坐标，同样与切槽起始位置有关。

    Δe——切槽过程中径向的退刀量，半径值，单位为 mm，无正负号。

    Δi——切槽过程中径向的每次切入量，半径值，单位为 μm，无正负号。

    Δk——沿径向切完一个刀宽后退出，在 Z 向的移动量，单位为 μm，但必须注意其值应小于刀宽。

    Δw——刀具切到槽底后，在槽底沿 −Z 向的退刀量，单位为 μm，注意尽量不要设置数值，取 0，以免断刀。

    f——进给速度，可提前赋值。

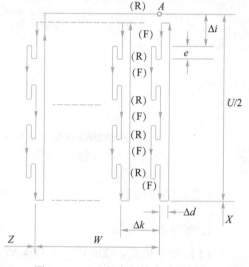

轴向（Z 轴）进刀循环复合径向断续切削循环：从起点径向（X 轴）进给、回退、再进给……直至切削到与切削终点 X 轴坐标相同的位置，然后轴向退刀、径向回退至与起点 X 轴坐标相同的位置，完成一次径向切削循环；轴向再次进刀后，进行下一次径向切削循环；切削到切削终点后，返回起点（G75 的起点和终点相同），径向切槽复合循环完成，如图 3−8 所示。

图 3−8　G75 径向切槽多重循环

3. 子程序

在编制程序时，如果存在一组程序段在一个程序中重复出现，或在几个程序中都要使用它，为了简化程序可以把这组程序段抽出来，按规定的格式写成一个新的程序，并单独命名，以供另外的程序调用，这即是子程序。主程序在执行过程中如果需要某一子程序，通过指令来调用该子程序，子程序执行完后又返回到主程序，继续执行后面的程序段。

视频 3−1−4：子程序在切槽中的应用

1）子程序的应用范围

工件上有若干个相同轮廓形状，可以将具有相同轮廓形状的部分编写成子程序。加工中经常出现或具有相同的加工路线轨迹，可以将相同的加工轨迹编写成子程序。某一轮廓或形状需要分层加工的，可以将这一层上的轮廓形状编写成子程序，这种多用于数控铣削加工。

2）子程序的编写格式

子程序是相对主程序而言的，子程序和主程序一样都是独立的程序，都必须符合程序的一般结构。不同的是主程序可以调用子程序，子程序结束必须返回到主程序的原来位置并执行主程序的下一程序段。

子程序格式如下：

O××××；（子程序开始符及子程序号）

（子程序内容）

M99；（子程序结束）

3）子程序的调用格式

在主程序中，调用子程序的指令是一个程序段，其格式随具体的数控系统而定。几种常见系统的子程序调用格式如表3-1所示。

表3-1 子程序调用格式

数控系统	指令格式	举例
华中数控系统	M98 P＿ L＿； 其中，P表示子程序名；L表示子程序被重复调用的次数（最多可调用3 276次，若省略，则调用1次）	例如："M98 P100 L3"表示重复调用O0100子程序3次； "M98 P400"表示重复调用O0400子程序1次
法拉克数控系统	M98 P××× ××××； 其中，P后四位数字表示子程序名，前三位数字表示子程序被重复调用次数（最多可调用999次，若省略，则调用1次）	例如："M98 P30100"表示重复调用O0100子程序3次； "M98 P400"表示重复调用O0400子程序1次

4）子程序的嵌套

子程序可以由主程序调用，已被调用的子程序也可以调用其他的子程序，这种子程序调用另一个子程序的功能，称为子程序的嵌套。如图3-9所示为子程序的嵌套及执行顺序。从主程序调用子程序称为一重，子程序嵌套不是无限次的，子程序可以嵌套多少层由具体的数控系统决定，法拉克系统嵌套深度为4级，而华中系统、西门子可以嵌套8级。

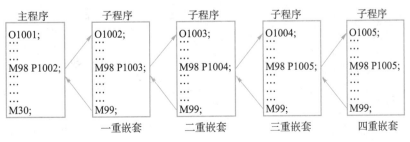

图3-9 子程序嵌套示意图

练一练

【例3-1】 如图3-10所示零件，工件的外圆与倒角已加工至图样尺寸，编写加工窄槽部分的程序。

例3-1中零件的切槽程序如表3-2所示。

表3-2 切窄槽参考程序

程 序	说 明
O0001；	程序名
T0202 M03 S500；	选用切槽刀（刀宽4 mm），主轴正转，转速500 r/min
G00 X100 Z100；	快速定位
X62 Z-34；	定位到切槽起点
G01 X54 F50；	切槽
G04 X2.0；	在槽底暂停2 s
G01 X62；	退刀
G00 X100；	沿着X向快速退刀
Z100；	沿着Z向快速退刀
M30；	程序结束

【例3-2】 如图3-11所示零件，工件的外圆与倒角已加工至图样尺寸，编写加工宽槽部分的程序。

例3-2中零件的切槽程序如表3-3所示。

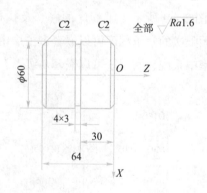

图3-10 窄槽零件

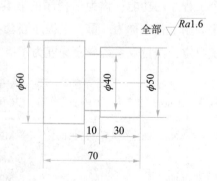

图3-11 宽槽零件

表3-3 切宽槽参考程序

程 序	说 明
O0001;	程序名
T0202 M03 S500;	选用切槽刀（刀宽4 mm），主轴正转，转速500 r/min
G00 X100 Z100;	快速定位
X62 Z-34;	定位到切槽起点
G01 X40 F50;	粗车槽第一刀
X62;	退刀
G00 Z-37;	移刀
G01 X40;	粗车槽第二刀
X62;	退刀
G00 Z-40;	移刀
G01 X40;	粗车槽第三刀
Z-34;	精车槽底
X62;	精车槽侧边
G00 X100;	沿着 X 向快速退刀
Z100;	沿着 Z 向快速退刀
M30;	程序结束

【例3-3】 如图3-12所示的零件，工件的外圆已加工至图样尺寸，编写加工宽槽部分的程序。

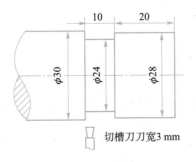

图3-12 槽类零件

例3-3中零件的切槽程序如表3-4所示。

表 3 - 4　切宽槽参考程序

程　序	说　明
O0001；	程序名
T0101 M03 S500；	选用切槽刀（刀宽 3 mm），主轴正转，转速 500 r/min
G00 X35 Z－30；	快速定位到切槽起点
G75 R0.5；	切槽刀循环退刀量 0.5 mm
G75 X24 Z－23 P500 Q2000 R0 F50；	X 向每次切深 0.5 mm，Z 向移动 2 mm
G00 X100 Z100；	切槽完毕退刀
M30；	程序结束

【例 3 - 4】　如图 3 - 13 所示的零件，毛坯外径为 φ31 mm，1 号刀为外圆车刀，2 号刀为切槽刀，刀宽为 2 mm。

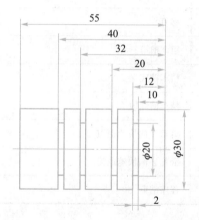

图 3 - 13　等宽槽加工

例 3 - 4 中零件的切槽程序如表 3 - 5 所示。

表 3 - 5　切等宽槽参考程序

程　序	说　明
O0001；	主程序名
T0202 M03 S500；	选用切槽刀（刀宽 2 mm），主轴正转，转速 500 r/min
G00 X100 Z100；	快速定位
X33 Z－12；	定位到第一个切槽起点
M98 P0004；	调用子程序切槽
G00 Z－20；	定位到第二个切槽起点
M98 P0004；	调用子程序切槽

续表

程　　序	说　明
G00 Z-32；	定位到第三个切槽起点
M98 P0004；	调用子程序切槽
G00 Z-40；	定位到第四个切槽起点
M98 P0004；	调用子程序切槽
G00 X100 Z100；	退刀
M30；	主程序结束
O0004；	子程序名
G01 U-13 F10；	相对 X 轴的负方向切入 13 mm
G04 X1.0；	槽底暂停 1 s
G00 U13；	相对 X 轴的正方向切入 13 mm
M99；	子程序调用结束

注意：

（1）一般编写程序时先编写主程序，再编写子程序，程序编写后应按程序的执行顺序再检查一遍。在子程序中，使用 U、W 指令可以减少计算量。

（2）在主程序中，子程序调用完成返回后的语句中一定要设置正确的坐标指令，即在子程序的最后或在主程序的调用语句后加上绝对坐标指令 X、Z，否则将继续以相对坐标 U、W 方式运动，将可能产生位置错误，甚至是撞刀等严重后果。如果调用程序时使用刀补，刀补的建立和取消应在子程序中进行。若必须在主程序中建立，则应在子程序中消除，而不能在子程序中建立，在主程序中消除，否则极易出错。

 任务实施

1. 图样分析

如图 3-1 所示，该零件为多槽轴，总体结构主要包括沟槽、外圆、倒角，其中零件总长及直径有尺寸公差要求，外圆表面有粗糙度要求，而槽没有粗糙度要求。

2. 加工方案

1）装夹方案

该零件为轴类零件，其轴心线为工艺基准，用三爪自定心卡盘夹持 φ35 mm 外圆右端，使工件伸出卡盘约 50 mm，平左端面，粗、精车左端外圆。调头装夹用三爪自定心卡盘夹持 φ32 mm 外圆，伸出 62 mm，粗精车右端。

2）位置点

（1）工件零点。设置在工件左、右端面上。

（2）换刀点。为防止刀具与工件或尾座碰撞，换刀点设置在（$X100$，$Z100$）的位置上。

（3）起刀点。零件毛坯尺寸为 $\phi35$ mm × 90 mm，该零件外轮廓的加工采用循环指令，为了使走刀路线短，减少循环次数，循环起点可以设置在（$X35$，$Z2$）的位置上。槽的加工用刀宽为 4 mm 的车槽刀以左刀尖为刀位点。

3．工艺路线确定

（1）平左端面。

（2）粗、精车左端 $\phi32$ mm 外圆、倒角，车至外圆长度 35 mm。

（3）平右端面保证总长 80 mm。

（4）粗、精车右端 $\phi32$ mm 外圆、倒角，保证尺寸要求。

（5）用 4 mm 车槽刀车槽及倒角。

4．制定工艺卡片

刀具的选择见表 3–6 刀具卡。

表 3–6　刀具卡

产品名称或代号			零件名称			零件图号	
序号	刀具号	刀具名称及规格	数量	加工表面		刀尖半径/mm	备注
1	T0101	90°外圆车刀	1	平端面、粗精车外轮廓		0.2	
2	T0202	切槽刀	1	切槽、切断		$B=4$	左刀尖

切削用量的选择见表 3–7 工序卡。

表 3–7　工序卡

数控加工工序卡		产品名称				零件名	零件图号
工序号	程序编号	夹具名称			夹具编号	使用设备	车间
工步号	工步内容	切削用量			刀具		备注
		主轴转速 $n/(\mathrm{r \cdot min^{-1}})$	进给速度 $f/(\mathrm{mm \cdot min^{-1}})$	背吃刀量 a_p/mm	编号	名称	
1	平左端面	500		1	T0101	90°外圆车刀	手动
2	粗车左端外轮廓	800	160	1.5	T0101	90°外圆车刀	自动

工步号	工步内容	切削用量			刀具		备注
		主轴转速 $n/(\mathrm{r \cdot min^{-1}})$	进给速度 $f/(\mathrm{mm \cdot min^{-1}})$	背吃刀量 a_p/mm	编号	名称	
3	精车左端外轮廓	1000	100	0.25	T0101	90°外圆车刀	自动
4	平右端面	500			T0101	90°外圆车刀	手动
5	粗车右端外轮廓	800	160	1.5	T0101	90°外圆车刀	自动
6	精车右端外轮廓	1000	100	0.25	T0101	90°外圆车刀	自动
7	车槽	500	50		T0202	切槽刀	自动

5. 编制程序

切槽参考程序如表3-8所示。

表3-8 切槽参考程序

程 序	说 明
O0001;	程序名
T0202 M03 S500;	选用切槽刀（刀宽4 mm），主轴正转，转速500 r/min
G00 X100 Z100;	快速定位到换刀点
Z-14;	先沿Z负方向定位
X35;	再沿X向定位到切槽起点
M98 P2000;	调用子程序O2000一次
Z-26;	沿着Z负方向定位到第二个槽的起点
M98 P2000;	调用子程序O2000一次
Z-38;	沿着Z负方向定位到第三个槽的起点
M98 P2000;	调用子程序O2000一次
Z-50;	沿着Z负方向定位到第四个槽的起点
M98 P2000;	调用子程序O2000一次
G00 X100;	切槽完毕先沿着X向快速退刀
Z100;	再沿Z向快速退刀
M30;	主程序结束
O2000;	子程序
G01 X24 F50;	切槽

程　　序	说　　明
X35；	X 向退刀
W-2.5；	Z 向定位准备切倒角
X30 W2.5；	切左侧倒角
X35 W2.5；	切右侧倒角
M99；	子程序结束，并返回到主程序

6. 零件加工

按表 3-8 程序加工零件。

 任务评价 》》

教师与学生评价表参见附表，包括程序与工艺评分表、安全文明生产评分表、工件质量评分表和教师与学生评价表。表 3-9 所示为本工件的质量评分表。

表 3-9　工件质量评分表

工件质量评分表（40 分）						
序号	考核项目	考核内容及要求		配分	评分标准	检测结果	得分
1	外圆	ϕ32 mm	IT	5	超差 0.01 扣 1 分		
			Ra1.6 μm	5	降一级扣 1 分		
2	倒角	C2 mm		2	超差不得分		
		C1 mm		2	超差不得分		
3	长度	10mm	IT	3	超差 0.01 扣 1 分		
		80 mm	IT	3	超差 0.01 扣 1 分		
4	槽	4 mm × ϕ24 mm	IT	10	超差 0.01 扣 5 分		
			Ra3.2 μm	10	降一级扣 5 分		
总分						

盘套类零件的数控车削编程与加工

学习情境

盘套类零件在机械设备中的应用非常普遍，多与同属回转体的轴类零件配合。盘套类零件结构一般由外圆、孔、沟槽、内外螺纹等组成。除尺寸精度和表面粗糙度外，盘套类零件还对几何公差有着较高的要求。本项目通过对盘类零件加工和套类零件加工两个任务的学习，使学生掌握盘套类零件的加工方法。

【知识目标】

◇ 熟知盘套类零件的结构特点；

◇ 掌握盘套类零件的工艺编制；

◇ 掌握端面粗车复合固定循环指令 G72 的用法；

◇ 掌握端面切槽循环指令 G74 加工端面槽的方法；

◇ 掌握内孔及内沟槽的加工方法。

【能力目标】

◇ 能进行零件图的分析，从零件图中了解零件的技术要求，零件的结构及几何形状，零件的尺寸精度、形位精度、表面精度等指标；

◇ 能根据所加工的零件正确选择加工设备、确定装夹方案、选择刃具量具、确定工艺路线、编制工艺卡和刀具卡；

◇ 能用端面粗车复合固定循环指令 G72、端面切槽循环指令 G74 编写盘套类零件的加工程序。

榜样故事 4

《大国工匠·匠心报国》

刘云清：从维修工到

高铁技能专家

【思政目标】

◇ 小组学习的过程中，具备发现问题解决问题的能力；具有团队协作，提炼总结，科学合理制定、实施工作计划的能力；

◇ 上机床操作具备良好的心理素质和克服困难的能力；

◇ 成果展示阶段，具有进行自我批评和自我检查的能力。

任务一　套类零件的数控车削编程与加工

 任务描述 》

　　如图 4-1 所示零件是一个轴套，材料为 45 钢，毛坯为 $\phi50$ mm × 58 mm，未注倒角全部为 C1，未注长度尺寸允许偏差 ±0.1 mm。分析零件的加工工艺，编制数控加工程序并加工出此零件。

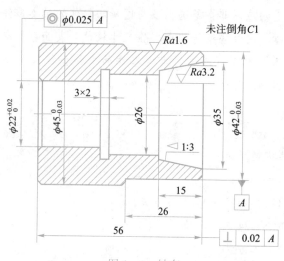

二维码　立体图视频

图 4-1　轴套

 任务分析 》

　　1. 技术要求分析

　　该零件图有哪些技术要求？

　　2. 加工方案

　　1）装夹方案

　　加工该零件应采用何种装夹方案？如果用三爪自定心卡盘装夹，伸出长度如何确定？

　　2）位置点选择

　　（1）工件零点设置在什么位置最好？

　　（2）换刀点应设置在什么位置？说出理由。

　　3. 确定工艺路线

　　该零件的加工工艺路线应怎样安排？

相关知识

（一）套类零件的加工工艺

1. 套类零件的特点

套类零件在机器中主要起支承和导向作用，在实际中应用非常广泛。这类零件结构上有共同的特点：外圆直径 D 一般小于其长度 L，通常长径比（L/D）小于5；内孔与外圆直径之差较小，即零件壁厚较小，易变形；内外圆回转表面的同轴度公差很高；结构比较简单。如套筒、轴承套等都是典型的套类零件。

2. 套类零件的精度要求

套类零件的精度主要有下列几个项目：

（1）孔的位置精度，如同轴度、平行度、垂直度、径向圆跳动和端面圆跳动等。

（2）孔径和长度的尺寸精度。

（3）孔的形状精度，如圆度、圆柱度、直线度等。

（4）表面粗糙度，要达到哪一级表面粗糙度，一般按加工图样上的规定。

一般套筒类零件在机械加工中的主要工艺问题：一是保证内、外圆的相互位置精度；二是防止变形。

3. 套类零件的装夹要求

1）保证套类工件同轴度和垂直度的装夹方法

（1）一次装夹中完成车削加工：在单件小批量生产中，可以把工件在卡盘或花盘上一次装夹后将全部或大部分表面加工完毕。这种方法没有定位误差，如果车床精度较高，可获得较高的形位精度。但需要经常转换刀架及经常改变切削用量，尺寸也较难掌握。

（2）工件以内孔定位：如工件先车内孔，再车外圆，这时我们可以应用心轴，用已加工好的内孔定位进行车削。

（3）工件以外圆定位：如果工件的外圆已经过精加工，只要加工内孔，并要求内外圆同轴，这时可用未经淬火的软卡爪装夹工件来车内孔，可以保证装夹精度且不易夹伤工件表面。

2）薄壁型套类工件内孔的装夹方法

车削薄壁套筒的内孔时，由于工件的刚性差，在夹紧力的作用下容易产生变形，所以必须特别注意装夹问题。

（1）用开缝套筒：用开缝套筒来增大装夹的接触面积，使夹紧力均匀分布在工件外圆上，可减小夹紧变形。在使用时，先把开缝套筒装在工件外圆上，然后再一起夹紧在三爪自定心卡盘上。

（2）用轴向夹紧夹具：用轴向夹紧工件的夹具夹紧时，可使夹紧力沿工件轴向分布，防止夹紧变形。

4. 车削套类零件常用刀具及其安装方法

1）中心钻与中心孔

中心孔又称顶尖孔，它是轴类零件的基准，对轴类零件的作用非常重要。在加工直径 $d = 1 \sim 10$ mm 的中心孔时，通常用不带护锥的 A 型钻；在加工工序要求较长、精度要求较高时，一般采用带护锥的 B 型钻，如图 4 - 2 所示。

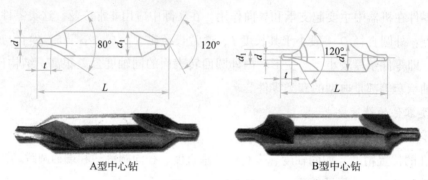

A型中心钻   B型中心钻

图 4 - 2 中心钻

转速的选择和钻削：由于中心钻直径小，钻削时应取较高的转速，进给量应小而均匀，切勿用力过猛。当中心钻钻入工件后应及时加切削液冷却润滑。钻毕时，中心钻在孔中应稍作停留，然后退出，以修光中心孔，提高中心孔的形状精度和表面质量。

2）麻花钻与钻孔

钻孔是在实体材料上加工孔的方法，它属于粗加工，其尺寸精度一般可达IT11 ~ IT12，表面粗糙度 $Ra12.5 \sim 25$ μm。

（1）麻花钻的组成部分。

麻花钻由柄部、颈部和工作部分组成。柄部是钻头的夹持部分，装夹时起定心作用，切削时起传递转矩的作用。颈部是柄部和工作部分的连接段，颈部较大的钻头在颈部标注有商标、钻头直径和材料牌号等信息。工作部分是钻头的主要部分，由切削部分和导向部分组成，起切削和导向作用。

直径小于 12 mm 时一般为直柄麻花钻，直径大于 12 mm 时为锥柄麻花钻，如图 4 - 3 所示。

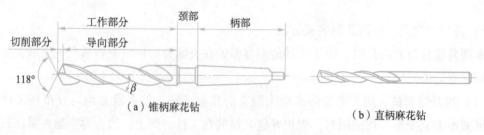

（a）锥柄麻花钻   （b）直柄麻花钻

图 4 - 3 麻花钻

（2）钻孔时切削用量的选择。

①切削深度（背吃刀量）：钻孔时的切削深度是钻头直径的1/2。

②切削速度：钻孔时的切削速度是指麻花钻主切削刃外缘处的线速度。用麻花钻钻钢料时，切削速度一般选 15～30 m/min；钻铸件时，进给速度选 75～90 m/min。扩钻时切削速度可略高一些。

③进给量 f：在车床上钻孔时，工件转 1 周，钻头沿轴向移动的距离为进给量。在车床上是用手慢慢转动尾座手轮来实现进给运动的。进给量太大会使钻头折断。用直径为 12～25 mm 的麻花钻钻钢料时，f 选 0.15～0.35 mm/r；钻铸件时，进给量略大些，一般选 f 为 0.15～0.4 mm/r。

3）内孔车刀

（1）内孔车刀的选用。内孔车刀可分为通孔车刀和盲孔车刀两种，如图 4-4 所示。

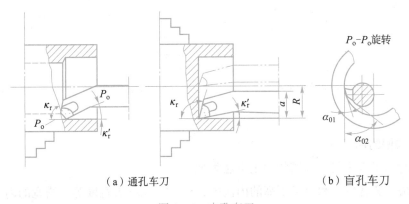

（a）通孔车刀　　　　　　　（b）盲孔车刀

图 4-4　内孔车刀

①通孔车刀切削部分的几何形状与外圆车刀相似，为了减小径向切削抗力，防止车孔时振动，主偏角应取得大些，一般在 60°～75°之间，副偏角一般为 15°～30°。为防止内孔车刀后刀面和孔壁摩擦又不使后角磨得太大，一般磨成两个后角。

②盲孔车刀用来车削盲孔或阶台孔，切削部分形状基本与偏刀相似，它的主偏角大于90°，一般为 92°～95°，后角的要求和通孔车刀一样。不同之处是盲孔车刀的刀尖到刀杆外端的距离小于孔半径，否则无法车平孔的底面。

（2）内孔车刀的安装。

①刀尖应与工件中心等高或稍高。

②刀杆伸出长度不宜过长，一般比被加工孔长 5～6 mm。

③刀杆基本平行于工件轴线，否则在车削到一定深度时，刀杆后半部分容易碰到工件孔口。

④盲孔车刀安装时，内偏刀的主刀刃应与孔底平面成角，并且在车平面时要求横向有足够的退刀余地，如图 4-4（a）右图所示。

（3）内孔车刀的对刀。

①手动平端面。

②Z 向补正。

③车内孔。

④测量车削后的孔径。

⑤X 向补正。

4）内沟槽车刀与切内沟槽

（1）内沟槽车刀。

内沟槽车刀和外沟槽车刀（车槽刀）的几何角度相似，只是内沟槽车刀的刀头形状因为被加工沟槽的截面形状不同而更加多样化，如图 4-5 所示。

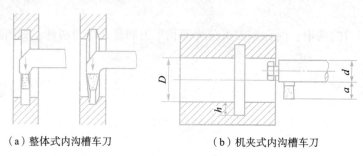

（a）整体式内沟槽车刀　　　　　　　　（b）机夹式内沟槽车刀

图 4-5　常见的内沟槽车刀

（2）内沟槽的加工方法。

内沟槽的加工方法与外沟槽的加工方法类似。

①直进法。宽度较小和要求不高的内沟槽，可用主切削刃宽度等于槽宽的内沟槽车刀采用直进法一次车出，如图 4-6（a）所示。

②多次直进法。要求较高或较宽的内沟槽，可采用直进法分多次车出。对有精度要求的槽，先粗车槽壁和槽底，然后根据槽宽、槽深进行精车，如图 4-6（b）所示。

③纵向进给法。如果槽较大较浅，可用内圆粗车刀先车出凹槽，再用内沟槽车刀车沟槽的两端垂直面，如图 4-6（c）所示。

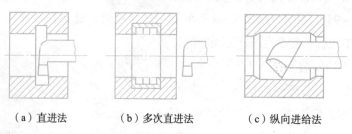

（a）直进法　　　　　（b）多次直进法　　　　　（c）纵向进给法

图 4-6　内沟槽的加工方法

5. 套类零件的检测与测量

1）孔径的测量

（1）内径千分尺测量。如图 4-7 所示，内径千分尺可用于测量 5~30 mm 的孔径，分度值为 0.01 mm。这种千分尺的刻线与外径千分尺相反，顺时针旋转微分筒时，活动爪向右移动，测量值增大。由于结构设计方面的原因，其测量精度低于其他类型的千分尺。

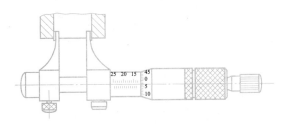

图 4 - 7　内径千分尺

（2）塞规测量。在成批生产中，为了测量的方便，常用塞规测量孔径，如图 4 - 8 所示。塞规由通端、止端和手柄组成。通端尺寸等于孔的最小极限尺寸，止端尺寸等于孔的最大极限尺寸。

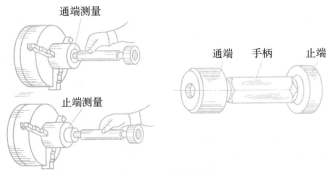

图 4 - 8　塞规测量

测量时，通端通过，而止端通不过，说明尺寸合格。使用塞规时，应尽可能使塞规温度与被测工件温度一致，不要在工件还未冷却到室温时就去测量。测量内孔时，不可硬塞强行通过，一般靠自身重力自由通过，测量时塞规轴线应与孔轴线一致，不可歪斜。

（3）内径百分表测量。根据工件内孔直径，用外径千分尺将内径百分表对"零"后，进行测量，测量方法如图 4 - 9 所示，取最小值为孔的实际尺寸。

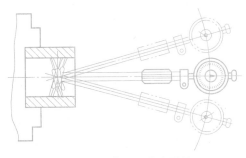

图 4 - 9　内径百分表测量

2）内槽的检查和测量

（1）测量内槽直径，如图 4 - 10 所示，可用卡钳、带千分表内径量规、特殊弯头游标卡尺测量。

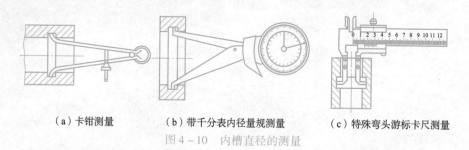

（a）卡钳测量　　　　（b）带千分表内径量规测量　　　（c）特殊弯头游标卡尺测量

图4－10　内槽直径的测量

（2）测量内槽宽度，如图4－11所示，可用样板、游标卡尺、钩形游标卡尺测量。

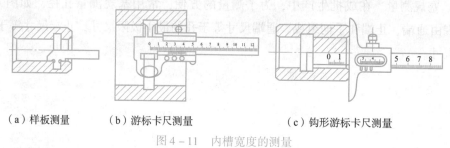

（a）样板测量　　　　（b）游标卡尺测量　　　　（c）钩形游标卡尺测量

图4－11　内槽宽度的测量

（二）编程指令

内孔的轮廓加工采用 G71、G90 等加工指令，可以参考项目二；内孔中的槽的加工可以参考项目三槽的加工。

 任务实施

1. 图样分析

如图4－1所示，该零件为典型的套类零件，有较高的精度要求。外圆右端直径 $\phi42$ mm 是基准尺寸，尺寸精度要求较高，表面粗糙度为 $Ra1.6$ μm；内孔右端为锥孔，锥度为 1：3，表面粗糙度为 $Ra3.2$ μm；内孔中间段为直孔，直径为 $\phi26$ mm，精度要求不高；内孔左端为直孔，直径为 $\phi22$ mm，基孔制，该内孔轴线与 $\phi42$ mm 外圆轴线的同轴度要求控制在 $\phi0.025$ mm 之内；工件总长 56 mm，左右两端与 $\phi42$ mm 外圆轴线的垂直度要求控制在 0.02mm 之内。

2. 加工方案

1）装夹方案

该零件采用三爪自定心卡盘夹持零件右端（毛坯外圆），确定伸出合适的长度（应将机床的限位考虑进去）。

2）位置点

（1）工件零点。设置在工件左、右端面上。

（2）换刀点。为防止刀具与工件或尾座碰撞，换刀点设置在 （X100，Z100）的位置上。

（3）起刀点。零件毛坯尺寸为 $\phi50$ mm $\times 58$ mm，该零件外轮廓的加工采用循环指令，为了使走刀路线短，减少循环次数，外轮廓循环起点可以设置在（$X50$，$Z2$）的位置上，内轮廓循环起点可以设置在（$X20$，$Z2$）的位置上。用刀宽为 3 mm 的内切槽刀以左刀尖为刀位点。

3. 工艺路线确定

（1）平左端面。

（2）打中心孔并钻通孔至 $\phi20$ mm。

（3）粗、精车左端 $\phi45$ mm 外圆及倒角，车至外圆长度 27 mm。

（4）粗、精车内孔 $\phi22$ mm 内孔面。

（5）零件调头平右端面，保证总长 56 mm。

（6）粗、精车右端 $\phi42$ mm 外圆及倒角，车至外圆长度 32 mm。

（7）粗、精车内孔 $\phi26$ mm 内孔面及内锥面。

（8）车内槽。

4. 制定工艺卡片

刀具的选择见表 4 - 1 刀具卡。

表 4 - 1　刀具卡

产品名称或代号				零件名称		零件图号	
序号	刀具号	刀具名称及规格	数量	加工表面	刀尖半径/mm	备注
1	T0101	90°外圆车刀	1	平端面、粗精车外轮廓	0.2	
2	T0202	内孔车刀	1	内轮廓	0.2	
3	T0303	内沟槽刀	1	切内槽	$B=3$	左刀尖
4		中心钻	1	钻中心孔		
5		麻花钻	1	钻孔	$\phi20$	

切削用量的选择见表 4 - 2 工序卡。

表 4 - 2　工序卡

数控加工工序卡		产品名称		零件名	零件图号
工序号	程序编号	夹具名称	夹具编号	使用设备	车间

工步号	工步内容	切削用量			刀具		备注
		主轴转速 $n/(\text{r} \cdot \text{min}^{-1})$	进给速度 $f/(\text{mm} \cdot \text{min}^{-1})$	背吃刀量 a_p/mm	编号	名称	
1	平左端面	500		1	T0101	90°外圆车刀	手动
2	钻中心孔	1 000				中心钻	手动
3	钻孔	300				麻花钻	手动
4	粗车左端外轮廓	800	160	1.5	T0101	90°外圆车刀	自动
5	精车左端外轮廓	1 000	100	0.5	T0101	90°外圆车刀	自动
6	粗车左端内轮廓	600	120	1	T0202	内孔车刀	自动
7	精车左端内轮廓	800	80	0.25	T0202	内孔车刀	自动
8	平右端面	500			T0101	90°外圆车刀	手动
9	粗车右端外轮廓	800	160	1.5	T0101	90°外圆车刀	自动
10	精车右端外轮廓	1 000	100	0.5	T0101	90°外圆车刀	自动
11	粗车右端内轮廓	600	120	1	T0202	内孔车刀	自动
12	精车右端内轮廓	800	80	0.25	T0202	内孔车刀	自动
13	车内槽	300	30		T0303	内沟槽刀	自动

5. 编制程序

切左端内孔参考程序如表 4-3 所示。

表 4-3 切左端内孔参考程序

程　序	说　明
O0001；	程序名
T0202 M03 S600；	选用内孔车刀，主轴正转，转速 600 r/min
G00 X100 Z100；	快速定位换刀点
X20 Z2；	定位到循环起点
G71 U1 R0.5；	设定粗加工的吃刀量和退刀量
G71 P1 Q2 U-0.5 W0 F120；	设定精加工余量及程序段
N1 G00 X24；	精加工程序起始段
G01 Z0 F80；	
X22 Z-1；	

续表

程　序	说　明
Z-30；	
N2 X20；	精加工程序结束段
G00 Z100；	先退 Z 向
X100；	再退 X 向
M05；	主轴停止
M00；	程序暂停
T0202 M03 S800；	重新调用刀补
G00 X20 Z2；	快速定位到循环起点
G70 P1 Q2；	精加工循环
G00 Z100；	先退 Z 方向
X100；	再退 X 方向
M30；	程序结束

切右端内孔参考程序如表 4 -4 所示。

表 4 - 4　切右端内孔参考程序

程　序	说　明
O0002；	程序名
T0202 M03 S600；	选用内孔车刀，主轴正转，转速 600 r/min
G00 X100 Z100；	快速定位换刀点
X20 Z2；	定位到循环起点
G71 U1 R0.5；	设定粗加工的吃刀量和退刀量
G71 P1 Q2 U-0.5 W0 F120；	设定精加工余量及程序段
N1 G00 X35；	精加工程序起始段
G01 Z0 F80；	
X30 Z-15；	
X26；	
Z-33；	
N2 X20；	精加工程序结束段

续表

程 序	说 明
G00 Z100；	先退 Z 方向
X100；	再退 X 方向
M05；	主轴停止
M00；	程序暂停
T0202 M03 S800；	重新调用刀补
G00 X20 Z2；	快速定位到循环起点
G70 P1 Q2；	精加工循环
G00 Z100；	先退 Z 方向
X100；	再退 X 方向
M30；	程序结束

切右端内槽参考程序如表4－5所示。

表4－5　切右端内槽参考程序

程 序	说 明
O0003；	程序名
T0303 M03 S300；	选用内沟槽刀，主轴正转，转速 300 r/min
G00 X100 Z100；	快速定位到换刀点
Z2；	先 Z 向定位
X21；	再 X 向定位
G01 Z－33 F100；	Z 向运行至切槽起点
X30 F30；	车内槽
X24；	X 向退刀
G00 Z100；	Z 向快速退刀
X100；	X 向快速退刀
M30；	程序结束

6. 零件加工

按表4－3～表4－5所示程序加工零件。

任务评价

教师与学生评价表参见附表，包括程序与工艺评分表、安全文明生产评分表、工件质量评分表和教师与学生评价表。表4-6所示为本工件的质量评分表。

表4-6　工件质量评分表

工件质量评分表（40分）						
序号	考核项目	考核内容及要求		配分	评分标准	检测结果	得分
1	外圆	ϕ42 mm	IT	2	超差0.01扣1分		
			Ra1.6 μm	2	降一级扣1分		
		ϕ45 mm	IT	2	超差0.01扣1分		
			Ra1.6 μm	2	降一级扣1分		
2	长度	内锥15 mm	IT	4	超差0.01扣1分		
		56 mm	IT	2	超差0.01扣1分		
		26 mm	IT	2	超差0.01扣1分		
3	内孔	ϕ22 mm	IT	2	超差0.01扣1分		
			Ra3.2 μm	2	降一级扣1分		
		ϕ26 mm	IT	2	超差0.01扣1分		
			Ra3.2 μm	2	降一级扣1分		
4	内锥	1:3	IT	4	超差0.01扣1分		
5	倒角	C1 mm	IT	2	超差0.01扣1分		
6	同轴度	ϕ0.025 mm	IT	6	超差0.01扣1分		
7	内槽	3 mm×2 mm	IT	2	超差0.01扣1分		
			Ra3.2 μm	2	降一级扣1分		
总分							

任务二　盘类零件的数控车削编程与加工

 任务描述

如图4-12所示的盘类零件，毛坯为ϕ95 mm×35 mm的棒料，材料为45钢；未注倒角全部为 C1，未注长度尺寸允许偏差 ±0.1 mm。分析零件的加工工艺，编制该零件的加工程序，并在数控机床上加工。

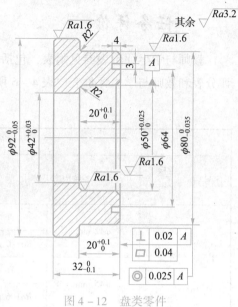

图 4 – 12　盘类零件

 任务分析

1. 技术要求分析

如图 4 – 12 所示零件为一盘类零件，主要由端面、外圆、内孔等组成，零件的直径尺寸大于零件的轴向尺寸；除了有较高的尺寸精度和表面粗糙度要求外，对支撑用端面有较高的平面度、垂直度要求；外圆、内孔间的同轴度要求较高。

2. 编制加工程序

零件上面的端面槽如何加工？

3. 加工方案

1）装夹方案

加工该零件应采用何种装夹方案？以什么位置作为定位基准？

2）位置点选择

（1）工件零点设置在什么位置最好？

（2）换刀点设置在什么位置？说出理由。

4. 确定工艺路线

该零件的加工工艺路线应怎样安排？

二维码
立体图视频

相关知识

（一）盘类零件的加工工艺

1. 盘类零件的作用及结构特点

盘类零件在机器中主要用来传递动力、改变速度、转换方向或起支承、轴向定位或密封等作用。

盘类零件的基本形状多为扁平的圆形或方形盘状结构，轴向尺寸相对于径向尺寸小很多。主要由端面、外圆、内孔等组成。例如，齿轮、带轮、法兰盘、端盖、模具、联轴节、套环、轴承环、螺母、垫圈等。

2. 盘类零件技术要求

有配合要求或用于轴向定位的面，其表面粗糙度和尺寸精度要求较高，端面与轴心线之间常有几何公差要求。

盘类零件往往对支承用端面有较高平面度、轴向尺寸精度及两端面平行度要求；对连接作用中的内孔等有与平面的垂直度要求，以及外圆、内孔间的同轴度要求等。

3. 盘类零件加工基准选择

根据零件不同的作用，零件的主要基准会有所不同。一是以端面为主（如支承块），其零件加工中的主要定位基准为平面；二是以内孔为主，由于盘的轴向尺寸小，往往在以孔为定位基准（径向）的同时，辅以端面的配合；三是以外圆为主（较少），与内孔定位同样的原因，往往也需要有端面的辅助配合。

4. 盘类零件的安装方案

（1）用三爪自定心卡盘安装。用三爪自定心卡盘装夹外圆时，为定位稳定可靠，常采用反爪装夹（共限制工件除绕轴转动外的 5 个自由度）；装夹内孔时，以卡盘的离心力作用完成工件的定位、夹紧（亦限制了工件除绕轴转动外的 5 个自由度）。

（2）用专用夹具安装。以外圆作径向定位基准时，可用定位环作定位件；以内孔作径向定位基准时，可用定位销（轴）作定位件。根据零件构形特征及加工部位、要求，选择径向夹紧或端面夹紧。

（3）用台虎钳安装。生产批量小或单件生产时，根据加工部位、要求的不同，亦可采用台虎钳装夹（如支承块上侧面、十字槽加工）。

5. 盘类零件的表面加工方法选择

零件上回转面的粗、半精加工仍以车为主，精加工则根据零件材料、加工要求、生产批量大小等因素选择磨削、精车、拉削或其他。零件上非回转面加工，则根据表面形状选择恰当的加工方法，一般安排于零件的半精加工阶段。

6. 常见的端面槽种类

常见的端面槽主要有以下几种，如图 4-13 所示。

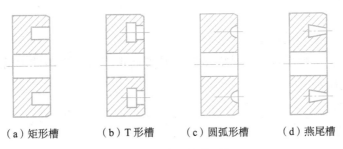

（a）矩形槽　　（b）T形槽　　（c）圆弧形槽　　（d）燕尾槽

图 4-13　常见的端面槽

7. 常见的端面槽刀

常见的端面槽刀主要有深端面切槽刀和端面深切槽刀，如图 4-14 所示。深端面切槽刀的加工示意图如图 4-15 所示，端面深切槽刀的加工示意图如图 4-16 所示。实际加工时，可以根据端面槽的宽窄和深浅选择不同的端面槽刀。

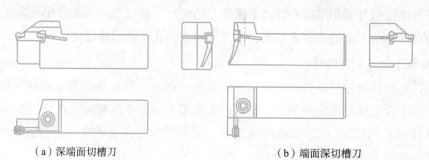

（a）深端面切槽刀　　　　　　（b）端面深切槽刀

图 4-14　常见的端面槽刀

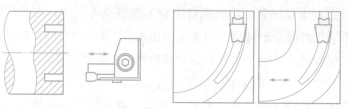

（a）刀具轴向加工路线　　　　　　（b）刀具径向加工路线

图 4-15　深端面切槽刀加工示意图

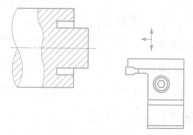

图 4-16　端面深切槽刀加工示意图

（二）编程指令

1. 端面车削固定循环（G72）

（1）指令功能：平行于且粗车是以多次 X 轴方向走刀来切除工件余量，适用于毛坯是圆钢、各台阶面直径差较大的工件。

（2）指令格式：

G72 W（Δd） R（e）；

G72 P（ns） Q（nf） U（Δu） W（Δw） F（f） S（s） T（t）；

其中：Δd——粗车时 Z 轴的切削量，单位为 mm，无符号，进刀方向由 ns 程序段的移动方向决定，W（Δd）执行后，指令值 Δd 保持，未输入 W（Δd）时，以数据参数内定的值作为进刀量。

e——粗车时 Z 轴的退刀量，单位为 mm，无符号，退刀方向与进刀方向相反，R（e）执行后，指令值 e 保持，未输入 R（e）时，以数据参数内定的值作为退刀量。

ns——精车轨迹的第一个程序段的程序段号。

nf——精车轨迹的最后一个程序段的程序段号。

Δu——粗车时 X 轴留出的精加工余量（粗车轮廓相对于精车轨迹的 X 轴坐标偏移，
即 A′点与 A 点 X 轴绝对坐标的差值，单位为 mm，直径值，有符号）。

Δw——粗车时 Z 轴留出的精加工余量（粗车轮廓相对于精车轨迹的 Z 轴坐标偏
移，即 A′点与 A 点 Z 轴绝对坐标的差值，单位为 mm，有符号）。

F——切削进给速度。

S——主轴转速。

T——刀具号、刀具偏置号。

F，S，T——可在第一个 G72 指令或第二个 G72 指令中，也可在 ns ~ nf 程序中指定；
在 G72 循环中，ns ~ nf 间程序段号的 F，S，T 功能都无效，仅在有 G70
精车循环的程序段中才有效。

G72 指令执行轨迹如图 4 - 17 所示。

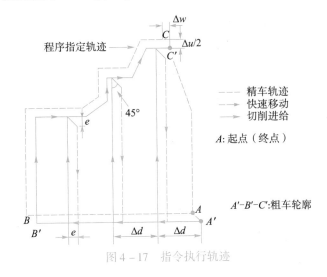

图 4 - 17　指令执行轨迹

（3）指令说明：

①ns ~ nf 程序段必须紧跟在 G72 程序后编写。如果在 G72 程序段前编写，系统自动搜
索到 ns ~ nf 程序段并执行，执行完成后，按顺序执行 nf 程序段的下一程序，因此会引起重
复执行 ns ~ nf 程序段。

②执行 G72 时，ns ~ nf 程序段仅用于计算粗车轮廓，程序段并未被执行。ns ~ nf 程序段
中的 F、S、T 指令在执行 G72 循环时无效，此时 G72 程序段的 F、S、T 指令有效。执行
G70 精加工循环时，ns ~ nf 程序段中的 F、S、T 指令有效。

③ns 程序段只能是不含 X(U) 指令字的 G00、G01 指令，否则报警。

④精车轨迹（ns ~ nf 程序段），X 轴、Z 轴的尺寸都必须是单调变化的（一直增大或一
直减小）。

⑤ns ~ nf 程序段中，只能有 G 功能：G00、G01、G02、G03、G04、G96、G97、G98、
G99、G40、G41、G42 指令；不能有子程序调用指令（如 M98/M99）。

⑥G96、G97、G98、G99、G40、G41、G42 指令在执行 G71 循环中无效，G70 精加工循环时有效。

⑦在 G72 指令执行过程中，可以停止自动运行并手动移动，但要再次执行 G72 循环时，必须返回到手动移动前的位置。如果不返回就继续执行，后面的运行轨迹将错位。

⑧执行进给保持、单程序段的操作，在运行完当前轨迹的终点后程序暂停。

⑨Δd、Δw 都用同一地址 W 指定，其区分是根据该程序段有无指定 P、Q 指令字。

⑩在同一程序中需要多次使用复合循环指令时，ns～nf 不允许有相同程序段号。

⑪在录入方式下不能执行 G72 指令，否则产生报警。

留精车余量时坐标偏移方向：Δu、Δw 反映了精车时坐标偏移和切入方向，按 Δu、Δw 的符号有 4 种不同组合，如图 4-18 所示，图中：$B \rightarrow C$ 为精车轨迹，$B' \rightarrow C'$ 为粗车轮廓，A 为起刀点。

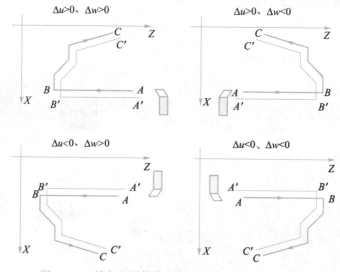

图 4-18　精车坐标偏移和切入方向的 4 种不同组合

练一练

【例 4-1】　按图 4-19 所示的零件尺寸编写端面粗加工程序。

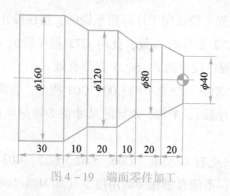

图 4-19　端面零件加工

端面粗加工参考程序如表 4 – 7 所示。

表 4 – 7　端面粗加工参考程序

程　序	说　明
O0001;	程序名
T0101 M03 S600;	选择端面车刀，主轴正转，转速 600 r/min
G00 X165 Z2;	快速定位到起刀点
G72 W2 R1;	定义粗车循环，背吃刀量 2 mm，退刀量 1 mm
G72 P1 Q2 U1 W1 F200;	精车路线由 N1 ~ N2 指定，X、Z 向的精车余量均为 1 mm
N1 G41 G00 Z – 110;	精加工轮廓起始段，调用刀补
G01 X160 F100;	
Z – 80;	
X120 Z – 70;	
Z – 50;	精加工轨迹
X80 Z – 40;	
Z – 20;	
X40 Z0;	
N2 G40 Z2;	精加工轮廓结束段，取消刀补
G00 X200 Z200;	快速退刀
M30;	程序结束

2. 轴向切槽多重循环（G74）

（1）指令功能：此指令可用于工件端面加工环形槽或中心深孔，轴向断续切削起到断屑、及时排屑的作用。

（2）指令格式：

G74 R(e);

G74 X(U) Z(W) P(Δi) Q(Δk) R(Δd) F(f);

其中：R(e)——每次轴向（Z 轴）进刀后的轴向退刀量，单位为 mm，无符号，R(e)执行后指令值保持有效，并把数据参数的值修改为 $e \times 1\ 000$（单位：0.001 mm），未输入 R(e) 时，以数据参数的值作为轴向退刀量；

　　　　X——切削终点的 X 轴绝对坐标值，单位为 mm；

　　　　U——切削终点与起点 A 的 X 轴相对坐标的差值，单位为 mm；

　　　　Z——切削终点的 Z 轴绝对坐标值，单位为 mm；

W——切削终点与起点 A 的 Z 轴相对坐标的差值，单位为 mm；

P(Δi)——单次轴向切削循环的径向（X 轴）切削量，单位为 0.001 mm，半径值，无符号；

Q(Δk)——轴向（Z 轴）切削时，Z 轴断续进刀的进刀量，单位为 0.001 mm，无符号；

R(Δd)——切削至轴向切削终点后，径向（X 轴）的退刀量，单位为 mm，半径值，无符号，省略 R(Δd) 时，系统默认轴向切削终点后，径向（X 轴）的退刀量为零（常省略）。

（3）指令意义：

①径向（X 轴）进刀循环复合轴向断续切削循环：从起点轴向（Z 轴）进给、回退、再进给……直至切削到与切削终点 Z 轴坐标相同的位置，然后径向退刀、轴向回退至与起点 Z 轴坐标相同的位置，完成一次轴向切削循环；径向再次进刀后，进行下一次轴向切削循环；切削到切削终点后，返回起点（G74 的起点和终点相同），轴向切槽复合循环完成。G74 的径向进刀和轴向进刀方向由切削终点 $X(U)$、$Z(W)$ 与起点的相对位置决定。

②切削终点：$X(U)$、$Z(W)$ 指定的位置，最后一次轴向进刀终点 bf。

G74 轴向切槽多重循环如图 4-20 所示。

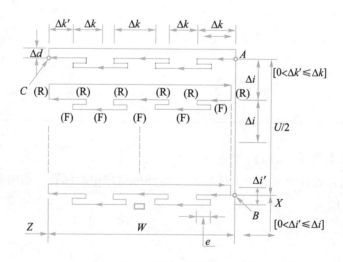

图 4-20　G74 轴向切槽多重循环

练一练

【例 4-2】　如图 4-21 所示，使用 G74 指令编程，刀宽 3 mm，左刀尖对刀。端面槽加工参考程序如表 4-8 所示。

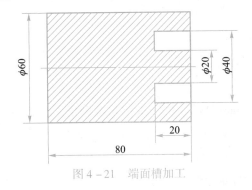

图 4-21 端面槽加工

表 4-8 端面槽加工参考程序

程 序	说 明
O0001；	程序名
...	
G00 X34 Z5；	定位到加工起点，刀宽按双倍计算
G74 R0.5 F50；	加工循环
G74 X20 Z-20 P3000 Q5000；	Z 轴每次进刀 5 mm，退刀 0.5 mm，进给到终点（$Z-20$）后，快速返回到起点（$Z5$），X 轴进刀 3 mm，循环以上步骤继续运行
M30；	程序结束

 任务实施

1. 图样分析

如图 4-12 所示，该零件径向尺寸较大，轴向尺寸较小，为典型的盘类零件。$\phi50$ mm 孔是该零件与其他零件装配时的关键要素，也是零件其他尺寸的基准，因此精度要求较高。外圆 $\phi80$ mm 的尺寸精度和表面粗糙度 $Ra1.6$ μm 要求较高，与基准 A 的同轴度要求控制在 0.025 mm 范围之内。零件右端面与基准 A 的垂直度要求控制在 0.02mm 范围之内，其自身的平面度要求控制在 0.04 mm 范围之内。

2. 加工方案

1）装夹方案

该零件为盘类零件，用三爪自定心卡盘装夹。

2）位置点

（1）工件零点。设置在工件左、右端面上。

（2）换刀点。为防止刀具与工件或尾座碰撞，换刀点设置在（$X150$，$Z100$）的位置上。

（3）起刀点。零件毛坯尺寸为 $\phi95$ mm×35 mm，该零件外轮廓的加工采用循环指令，为了使走刀路线短，减少循环次数，循环起点可以设在（$X97$，$Z2$）的位置上。内轮廓的加工采用循环指令，循环起点可以设置在（$X30$，$Z2$）的位置上。槽的加工用刀宽为 3 mm 的端面切槽刀。

3. 工艺路线确定

（1）打中心孔并钻孔至 ϕ28 mm。

（2）平右端面。

（3）粗、精车右端 ϕ80 mm 外圆、R2 μm 圆角及倒角。

（4）粗、精车右端 ϕ50 mm 内孔、ϕ42 mm 内孔、倒角。

（5）车削端面槽。

（6）零件调头平右端面保证总长 32 mm。

（7）粗、精车左端 ϕ92 mm 外圆及倒角。

4. 制定工艺卡片

刀具的选择见表4-9刀具卡。

表4-9　刀具卡

产品名称或代号			零件名称		零件图号	
序号	刀具号	刀具名称及规格	数量	加工表面	刀尖半径/mm	备注
1	T0101	90°外圆车刀	1	平端面、粗精车外轮廓	0.2	
2	T0202	内孔车刀	1	内轮廓	0.2	
3	T0303	端面切槽刀	1	端面槽	$B=3$	
4		中心钻	1	打中心孔		
5		麻花钻	1	钻孔 ϕ28 mm		

切削用量的选择见表4-10工序卡。

表4-10　工序卡

数控加工工序卡		产品名称			零件名	零件图号
工序号	程序编号	夹具名称		夹具编号	使用设备	车间
工步号	工步内容	切削用量			刀具	备注
		主轴转速 $n/(\text{r}\cdot\text{min}^{-1})$	进给速度 $f/(\text{mm}\cdot\text{min}^{-1})$	背吃刀量 a_{p}/mm	编号	名称	
1	打中心孔	1000		1		中心钻	手动
2	钻孔	300				麻花钻	手动

工步号	工步内容	切削用量			刀具		备注
		主轴转速 $n/(\text{r}\cdot\text{min}^{-1})$	进给速度 $f/(\text{mm}\cdot\text{min}^{-1})$	背吃刀量 a_{p}/mm	编号	名称	
3	平右端面	500		1	T0101	90°外圆车刀	手动
4	粗车右端外轮廓	800	160	1.5	T0101	90°外圆车刀	自动
5	精车右端外轮廓	1 000	100	0.5	T0101	90°外圆车刀	自动
6	粗车内孔	800	160	1.5	T0202	内孔车刀	自动
7	精车内孔	1 000	100	0.25	T0202	内孔车刀	自动
8	车端面槽	300	30		T0303	端面切槽刀	自动
9	平左端面	500			T0101	90°外圆车刀	手动
10	粗车左端外轮廓	800	160	1.5	T0101	90°外圆车刀	自动
11	精车左端外轮廓	1 000	100	0.5	T0101	90°外圆车刀	自动

5. 编制程序

加工右端外轮廓参考程序如表 4 - 11 所示。

表 4 - 11 加工右端外轮廓参考程序

程 序	说 明
O0001;	程序名
T0101 M03 S800;	选用外圆车刀, 主轴正转转速 800 r/min
G00 X150 Z100;	快速定位至安全点
X97 Z2;	快速定位至循环起点
G72 W1.5 R0.5;	用 G72 指令设定粗加工的吃刀量
G72 P1 Q2 U1 W0.5 F160;	用 G72 指令设定精加工的程序段及余量
N1 G00 Z-21;	精加工轮廓起始段, 只能出现 Z 向走刀
X92;	
G01 X90 Z-20 F100;	
X84;	
G03 X80 Z-18 R2;	车 R2 mm 的倒圆角
G01 Z-1;	
X78 Z0;	

程　　序	说　　明
N2 Z1;	精加工轮廓结束段
G00 X150 Z100;	快速退刀至安全点
M05;	主轴停止
M00;	程序暂停
T0101 M03 S1000;	重新调用刀补，设定主轴转速 1 000 r/min
G00 X97 Z2;	快速定位至循环起点
G70 P1 Q2;	精加工
G00 X150 Z100;	退刀
M30;	程序结束

加工右端端面槽参考程序如表 4 – 12 所示。

表 4 – 12　加工右端端面槽参考程序

程　　序	说　　明
O00002;	程序名
T0303 M03 S300;	选用端面切槽刀，刀宽 3 mm
G00 X150 Z100;	快速定位至安全点
X64 Z2;	快速定位至槽加工起点
G01 Z–4 F30;	Z 向进刀车端面槽
Z2;	Z 向退刀
G00 Z100;	Z 向快速退至安全点
X150;	X 向快速退至安全点
M30;	程序结束

6. 零件加工

 任务评价

教师与学生评价表参见附表，包括程序与工艺评分表、安全文明生产评分表、工件质量评分表和教师与学生评价表。表 4 – 13 所示为本工件的质量评分表。

表 4 – 13　工件质量评分表

工件质量评分表（40 分）						
序号	考核项目	考核内容及要求		配分	评分标准	检测结果	得分
1	外圆	$\phi92$ mm	IT	2	超差 0.01 扣 1 分		
			$Ra1.6$ μm	2	降一级扣 1 分		
		$\phi80$ mm	IT	2	超差 0.01 扣 1 分		
			$Ra1.6$ μm	2	降一级扣 1 分		
2	长度	20 mm	IT	2	超差不得分		
		32 mm	IT	2	超差不得分		
3	内孔	$\phi42$ mm	IT	2	超差 0.01 扣 1 分 超差 0.1 此项不得分		
			$Ra3.2$ μm	2	降一级扣 1 分		
		$\phi50$ mm	IT	2	超差 0.01 扣 1 分 超差 0.1 此项不得分		
			$Ra1.6$ μm	2	降一级扣 1 分		
4	垂直度	0.02 mm	IT	5	超差 0.01 扣 1 分 超差 0.1 此项不得分		
5	平面度	0.04 mm	IT	5	超差 0.01 扣 1 分 超差 0.1 此项不得分		
6	同轴度	0.025 mm	IT	6	超差 0.01 扣 1 分 超差 0.1 此项不得分		
7	圆弧	$R2$ mm（2 处）	IT	2	超差不得分		
8	倒角	$C1$ mm（4 处）		2	超差不得分		
总分							

项目五　螺纹的数控车削编程与加工

 学习情境

　　螺纹是零件上常见的一种结构，它被广泛用于零件之间的连接，传递运动和动力。螺纹加工是数控车削中必须掌握的基本技能之一。螺纹加工的类型繁多，包括内外圆柱螺纹、单头螺纹和多头螺纹等。数控系统提供的螺纹指令包括：单一螺纹切削循环指令和螺纹切削固定循环指令。本项目通过对常见连接螺纹（普通三角螺纹）的学习，让学生熟练掌握螺纹的加工工艺方法。

【知识目标】

　◇　在熟知螺纹结构特点的基础上，掌握螺纹加工的工艺知识；

　◇　掌握螺纹加工的工艺编制；

　◇　掌握螺纹加工指令 G32、G92、G76；

　◇　掌握多线螺纹的编程及其加工。

【能力目标】

　◇　能正确分析零件图，能根据所加工的零件正确选择加工设备、确定装夹方案、选择刀具量具、确定工艺路线、编制工艺卡和刀具卡；

　◇　能熟练应用螺纹加工指令 G32、G92、G76 对指定螺纹进行编程，并能操作数控机床完成零件的加工。

【思政目标】

　◇　小组学习的过程中，具备发现问题解决问题的能力；具有团队协作，提炼总结，科学合理制定、实施工作计划的能力；

　◇　上机床操作具备良好的心理素质和克服困难的能力；

　◇　成果展示阶段，具有进行自我批评和自我检查的能力。

榜样故事5
《大国工匠·匠心报国》
刘丽：油田里的创新能手

任务描述

如图 5-1 所示螺纹轴，材料为 45 钢，毛坯为 $\phi 50$ mm × 80 mm，未注倒角全部为 C2，表面粗糙度全部为 Ra3.2 μm，未注长度尺寸允许偏差 ±0.1 mm。分析螺纹轴的加工工艺，编制其加工程序，并在数控机床上加工。

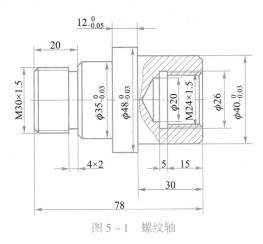

二维码 立体图视频

图 5-1 螺纹轴

任务分析

1. 技术要求分析

该零件图有哪些技术要求？

2. 加工方案

1）装夹方案

加工该零件应采用何种装夹方案？

2）位置点选择

（1）工件零点设置在什么位置最好？

（2）换刀点应设置在什么位置？说出理由。

（3）循环起刀点应设在什么位置？

3. 确定工艺路线

该零件的加工工艺路线应怎么安排？

相关知识

（一）螺纹加工工艺

1. 螺纹加工的基础知识

1）常用螺纹的牙型

沿螺纹轴线剖切的截面内，螺纹牙两侧边的夹角称为螺纹的牙型，常见螺纹的牙型有矩形、三角形、梯形、锯齿形等，生产中常用螺纹的牙型如图5-2所示。

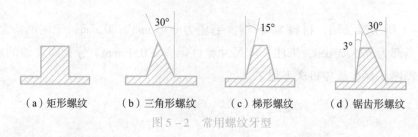

（a）矩形螺纹　（b）三角形螺纹　（c）梯形螺纹　（d）锯齿形螺纹

图5-2　常用螺纹牙型

牙型角指在螺纹牙型上相邻两牙侧间的夹角。普通螺纹的牙型角为60°，英制螺纹牙型角为55°。

2）螺纹旋向

螺纹有左旋和右旋之分。使用的螺纹绝大多数是右旋螺纹，即顺时针旋转为拧紧，如图5-3所示。

3）螺纹的标注方法

（1）普通螺纹标注。普通螺纹的牙型为三角形，有粗牙和细牙之分。粗牙普通螺纹的代号用牙型符号"M"及"公称直径"表示；细牙普通螺纹的代号用"M"及"公称直径×螺距"表示，如M24×1.5。

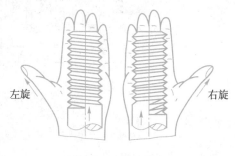

图5-3　螺纹旋向

普通螺纹应标注标记，其内容和格式如下：

普通螺纹代号	中径公差带代号	顶径公差带代号	旋合长度代号

例如，M10×1LH-5g6g-S的含义如下所示：

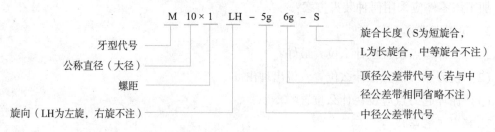

普通螺纹的标注方法如图5-4所示：

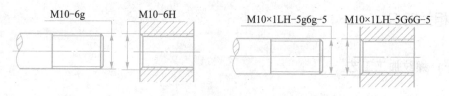

图5-4　普通螺纹标注方法

（2）梯形螺纹标注。梯形螺纹应标注标记，其内容和格式如下：

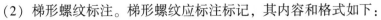

螺纹代号：

例如，Tr32×12（P6）LH-8e-L 的含义如下所示：

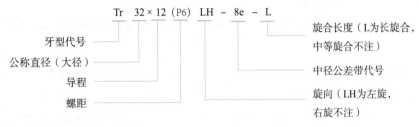

具体标注方法如图5-5所示。

（3）内、外螺纹旋合的标注。

内、外螺纹旋合在一起时，标注上公差带代号用斜线分开，左边和右边分别表示内螺纹的公差带代号和外螺纹的公差带代号，螺纹旋合长度包括螺纹倒角，如图5-6所示。

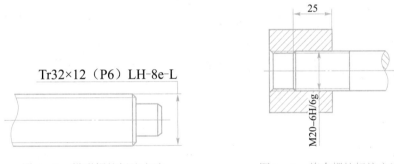

图5-5　梯形螺纹标注方法

图5-6　旋合螺纹标注方法

4）普通螺纹牙型的参数

如图5-7所示，在三角形螺纹的理论牙型中，D 是内螺纹大径（公称直径），d 是外螺纹大径。

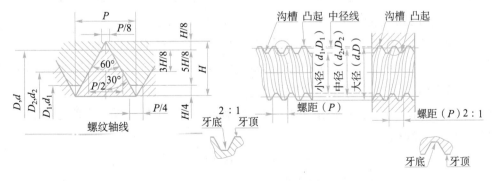

图5-7　普通螺纹牙型的参数

螺纹小径（d_1 或 D_1）也称外螺纹底径或内螺纹顶径。

螺纹中径（d_2 或 D_2）是一个假想圆柱的直径，该圆柱剖切面牙型的沟槽和凸起宽度相等，同规格的外螺纹中径 d_2 和内螺纹中径 D_2 公称尺寸相等。

螺距（P）是螺纹上相邻两牙在中径上对应点间的轴向距离。

导程（L）是一条螺旋线上相邻两牙在中径上对应点间的轴向距离。

2. 螺纹加工尺寸分析

（1）切削外圆柱螺纹时，需要计算实际车削时的外圆柱面的直径 $d_计$ 和螺纹实际小径 $d_{1计}$。

车削如图 5 - 8（a）所示零件中的 M30×1.5 外螺纹，材料为 45 钢，试计算实际车削时的外圆柱面的直径 $d_计$ 和螺纹实际小径 $d_{1计}$。

① 车螺纹时，零件材料因受力挤压而使外径胀大，因此螺纹部分的零件外径应比螺纹的公称直径小 0.2 ~ 0.4 mm，一般取 $d_计 = d - 0.1P$。

② 在实际生产中，为计算方便，不考虑螺纹车刀的刀尖半径 r 的影响，一般取螺纹实际牙型高度 $h_{1实} = 0.649\,5P$，螺纹实际小径 $d_{1计} = d - 2h_{1实} = d - 1.3P$。

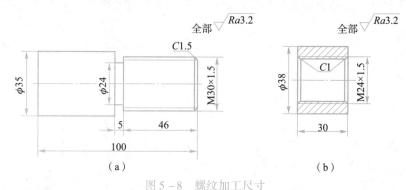

图 5 - 8　螺纹加工尺寸

在图 5 - 8（a）中，实际车削时的外圆柱面的直径
$$d_计 = d - 0.1P = (30 - 0.1 \times 1.5)\,mm = 29.85\ mm。$$
螺纹实际牙型高度 $h_{1实} = 0.649\,5P = 0.649\,5 \times 1.5\ mm \approx 0.974\ mm。$

螺纹实际小径 $d_{1计} = d - 2h_{1实} = d - 1.3P = (30 - 1.95)\,mm = 28.05\ mm。$

（2）内螺纹的底孔直径 $D_{1计}$ 及内螺纹实际大径 $D_计$ 的确定。

车削内螺纹时，需要计算实际车削时的内螺纹的底孔直径 $D_{1计}$ 及内螺纹实际大径 $D_计$。

车削如图 5 - 8（b）所示 M24×1.5 内螺纹，零件材料为 45 钢，试计算实际车削时内螺纹的底孔直径 $D_{1计}$，以及内螺纹实际大径 $D_计$。

① 由于车削时车刀的挤压作用，内孔直径要缩小，所以车削时螺纹的底孔直径应大于螺纹小径。计算公式如下：
$$D_{1计} = D - 1.082\,6P$$
式中：D——内螺纹的公称直径，单位为 mm；

　　　P——内螺纹的螺距，单位为 mm。

一般实际车削时的内螺纹底孔直径：钢和塑性材料取 $D_{1计} = D - P$；铸铁和脆性材料取 $D_{1计} = D - (1.05 \sim 1.1)P$。

②内螺纹实际牙型高度同外螺纹，$h_{1实} = 0.6495P$，取 $h_{1实} = 0.65P$。内螺纹实际大径 $D_计 = D$，内螺纹小径 $D_1 = D - 1.3P$。

在本例中实际车削时的内螺纹的底孔直径取

$$D_{1计} = D - P = (24 - 1.5)\,mm = 22.5\,mm。$$

螺纹实际牙型高度取 $h_{1实} = 0.65\,P = 0.65 \times 1.5\,mm = 0.975\,mm。$

内螺纹实际大径 $D_计 = D = 24\,mm。$

内螺纹小径 $D_1 = D - 1.3P = (24 - 1.3 \times 1.5)\,mm = 22.05\,mm。$

3. 螺纹起点与螺纹终点轴向尺寸的确定

如图 5 – 9 所示，由于车削螺纹起始需要一个加速过程，结束前有一个减速过程，因此车螺纹时，两端必须设置足够的升速进刀段 δ_1 和减速退刀段 δ_2。

δ_1 和 δ_2 的数值与螺纹的螺距和螺纹的精度有关。实际生产中，一般值取 2～5 mm，大螺距和高精度的螺纹取大值；δ_2 值不得大于退刀槽宽度，一般为退刀槽宽度的一半左右，取 1～3 mm，若螺纹收尾没有退刀槽时，收尾处的形状与数控系统有关，一般按 45° 退刀收尾。

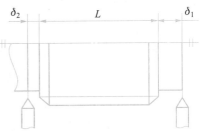

图 5 – 9 螺纹起点与螺纹终点的尺寸确定

4. 进刀方法的选择

在数控车床上加工螺纹时的进刀方法通常有直进法和斜进法。

（1）直进法。如图 5 – 10 所示，车削三角螺纹时，车刀两刃同时切削，车刀受力大，散热困难、磨损快、排屑难，每次进给的切削深度不能过大，但所加工的螺纹牙型较准确。每次进给的吃刀量按递减规律分配；直进法适合加工导程较小的螺纹。当螺距 $P < 3$ mm 时，一般采用直进法。

（2）斜进法。如图 5 – 11 所示，车削三角螺纹时，车刀顺着螺纹牙型一侧斜向进刀，车刀两侧刃中只有一侧切削刃进行切削，经多次走刀完成加工。用此法加工三角螺纹时，刀具切削条件好，可增大切削深度，生产效率高，但加工面粗糙度值大，斜进法适合加工导程较大的螺纹。当螺距 $P \geqslant 3$ mm 时，一般采用斜进法。

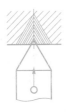

图 5 – 10 直进法

图 5 – 11 斜进法

5. 切削用量的选用

1）切削速度

为了防止螺纹产生乱扣，在车螺纹时，主轴转速的确定应遵循以下几个原则：

①在保证生产效率和正常切削的情况下，宜选择较低的主轴转速。

②当升速进刀段 δ_1 和减速退刀段 δ_2 比较充裕时，可适当提高主轴转速。

③通常情况下，在数控车床上加工螺纹，主轴转速受数控系统、螺纹导程、刀具、零件尺寸和材料等多种因素影响。不同的数控系统，有不同的推荐主轴转速范围，操作者在仔细查阅说明书后，可根据实际情况选用，大多数经济型数控车床车削螺纹时，推荐主轴转速为

$$n \leqslant 1\,200/P - K$$

其中：P——零件的螺距，单位为 mm；

　　　K——保险系数，一般取 80；

　　　n——主轴转速，单位为 r/min。

加工图 5 – 8（a）中 M30 × 1.5 普通外螺纹时，主轴转速 $n \leqslant 1\,200/P - K = (1\,200/1.5 - 80)$ r/min = 720 r/min。根据零件材料、刀具等因素取 $n = 400 \sim 500$ r/min，学生实习时一般取 $n = 400$ r/min。

④螺纹切削时不能用主轴线速度恒定指令 G96。

2）背吃刀量的选用及分配

加工螺纹时，单边切削总深度等于螺纹实际牙型高度时，一般取 $h_{1实} = 0.65P$。车削时应遵循后一刀的背吃刀量不能超过前一刀背吃刀量的原则，即递减的背吃刀量分配方式，否则会因切削面积的增加、切削力过大而损坏刀具。但为了提高螺纹的表面粗糙度，用硬质合金螺纹车刀时，最后一刀的背吃刀量不能小于 0.1 mm。

常用螺纹加工走刀次数与分层切削余量可参阅表 5 – 1。

表 5 – 1　常用公制螺纹牙深及推荐切削次数

公制螺纹							
螺距/mm		1	1.5	2	2.5	3	3.5	4
牙深（半径值）/mm		0.649	0.974	1.299	1.624	1.949	2.273	2.598
切削次数及吃刀量（直径值）/mm	第一刀	0.7	0.8	0.9	1.0	1.2	1.5	1.5
	第二刀	0.4	0.6	0.6	0.7	0.7	0.7	0.8
	第三刀	0.2	0.4	0.6	0.6	0.6	0.6	0.6
	第四刀		0.16	0.4	0.4	0.4	0.6	0.6
	第五刀			0.1	0.4	0.4	0.4	0.4
	第六刀				0.15	0.4	0.4	0.4

公制螺纹								
切削次数及吃刀量（直径值）/mm	第七刀						0.2	0.2	0.4
	第八刀							0.15	0.3
	第九刀								0.2

3）进给量 f

单线螺纹的进给量等于螺距，即 $f=P$。多线螺纹的进给量等于导程，即 $f=L$。

在数控车床上加工双线螺纹时，进给量为一个导程，常用的方法是车削第一条螺纹后，轴向移动一个螺距（用 G01 指令），再加工第二条螺纹。

6. 普通螺纹刀具的安装与对刀

螺纹刀的刀尖角应等于螺纹牙型角 α，其前角 γ_0 为 0°才能保证螺纹的牙型，否则牙型将产生误差。只有粗加工或螺纹精度要求不高时，其前角 γ_0 才可取 5°~20°。安装螺纹车刀时刀尖对准工件中心，并用样板对刀，以保证刀尖角的角平分线与工件的轴线相垂直，车出的牙型才不会偏斜。车刀安装过高，则吃刀到一定深度，车刀的后刀面顶住工件，增大摩擦力，甚至把工件顶弯，造成啃刀现象；过低，则切屑不易排出。牙型角 α 的保证，取决于螺纹车刀的刃磨和安装。

装夹外螺纹刀时，刀头伸出不要过长，一般为刀杆厚度的 1.5 倍左右。装夹内螺纹刀时，刀杆伸出长度稍大于螺纹长度，刀装好后应在孔内移动刀架至终点，检查是否有碰撞。

7. 螺纹的检测

螺纹的主要测量参数有螺距、大径、小径和中径的尺寸。

1）螺距的测量

对于一般精度要求的螺纹，螺距可以用钢直尺测量，如果螺距较小可以先量 10 个螺距然后除以 10 得出一个螺距的大小。如果较大的可以只量 2~4 个，然后再求一个螺距。

2）大、小径的测量

外螺纹的大径和内螺纹的小径，公差都比较大，一般用游标卡尺或千分尺测量。

3）中径的测量

常用三角螺纹中径测量方法主要有以下几种：

（1）螺纹千分尺测量中径。如图 5-12 所示，测量时，用通用量具直接测量，在千分尺的测量端带有可更换的专用成对的测头，每对测头由一个 V 形测头和一个圆锥形测头组成。将两个测头正好卡在螺纹的牙侧上，测得的尺寸就是螺纹的中径。

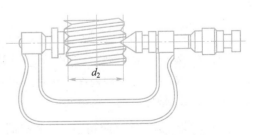

图 5-12　螺纹千分尺测量螺纹中径

（2）三针法测量螺纹中径。如图 5 – 13 所示，测量时所用的三根圆柱形量针是由量具厂专门制造的。在没有量针的情况下，也可用三根直径相等的优质钢丝或新的钻头柄部代替。测量时，把三根量针放置在螺纹两侧相对应的螺纹槽内，用千分尺量出两边量针顶点之间的距离 M。根据 M 值可计算出螺纹中径的实际尺寸。

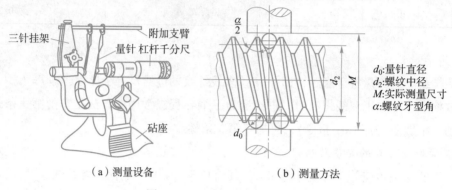

d_0:量针直径
d_2:螺纹中径
M:实际测量尺寸
α:螺纹牙型角

（a）测量设备　　　　　　　　　　（b）测量方法

图 5 – 13　三针法测量螺纹中径

（3）螺纹综合测量。用螺纹量规对螺纹各主要参数进行综合性测量。螺纹量规包括螺纹环规和螺纹塞规，如图 5 – 14 所示。它们都分通规和止规，在使用中不能搞错。测量时，通规可以通过而止规不能通过，则螺纹合格。如果通规难以拧入，应对螺纹的各直径尺寸、牙型角、牙型半角和螺距等进行检查，经修正后再用量规检验。

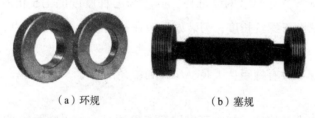

（a）环规　　　　　　　　　　（b）塞规

图 5 – 14　螺纹量规

（二）编程指令

1. **螺纹切削（G32）**

（1）指令功能：用 G32 指令可加工固定导程的圆柱螺纹或圆锥螺纹，也可用于加工端面螺纹。

（2）指令格式：G32 X(U)__ Z(W)__ F__；

其中：X，Z——螺纹编程终点的 X、Z 向坐标，单位为 mm，X 为直径值；

U，W——螺纹编程终点相对编程起点的增量坐标，单位为 mm，其中 U 为直径值；

F——螺纹导程，单位为 mm。

X 省略时为圆柱螺纹切削，Z 省略时为端面螺纹切削；X、Z 均不省略时为锥螺纹切削（图 5 – 15）。

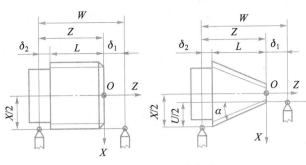

图 5 – 15　G32 螺纹切削

（3）编程要点。G32 进刀方式为直进式。

切削斜角 $\alpha = 45°$ 以下的圆锥螺纹时，螺纹导程以 Z 方向指定。图 5 – 16 中 A 点是螺纹加工的起点，B 点是单行程螺纹切削指令 G32 的起点，C 点是单行程螺纹切削指令 G32 的终点，D 点是 X 向退刀的终点。图 5 – 16 中，①用 G00 X 向进刀；②用 G32 车螺纹；③用 G00 X 向退刀；④用 G00 Z 向退刀。

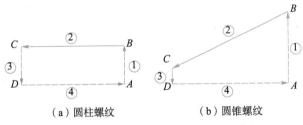

（a）圆柱螺纹　　　　（b）圆锥螺纹

图 5 – 16　单行程螺纹指令 G32 进刀路径

练一练

【例 5 – 1】　圆柱螺纹加工（G32）。

如图 5 – 17 所示，螺纹外径已车至 $\phi29.8$ mm，4 mm × 2 mm 的退刀槽已加工，零件材料为 45 钢。用 G32 编制该螺纹的加工程序。

（1）螺纹加工尺寸计算。

实际车削时外圆柱面的直径为 $d_{计} = d - 0.2 = (30 - 0.2)$ mm $= 29.8$ mm。

螺纹实际牙型高度 $h_{1实} = 0.65P = 0.65 \times 2$ mm $= 1.3$ mm。

螺纹实际小径 $d_{1计} = d - 1.3P = (30 - 1.3 \times 2)$ mm $= 27.4$ mm。

升速进刀段和减速退刀段分别取 $\delta_1 = 5$ mm，$\delta_2 = 2$ mm。

（2）确定切削用量。

查表 5 – 1 得双边切深为 2.6 mm，分 5 刀切削，分别为 0.9 mm、0.6 mm、0.6 mm、0.4 mm 和 0.1 mm。进给量 $f = P = 2$ mm。

图 5 – 17　圆柱螺纹尺寸

主轴转速 $n \leqslant 1\ 200/P - K = (1\ 200/2 - 80)\,\text{r/min} = 520\ \text{r/min}$。学生实习时，一般选用较小的转速，取 $n = 400\ \text{r/min}$。

（3）编程。参考程序如表 5 - 2 所示。

表 5 - 2　参考程序

程　序	说　明
O00001；	程序名
T0404 S400 M03；	螺纹刀 T04，主轴正转 400 r/min
G00 X32 Z5；	螺纹加工的起点
X29.1；	自螺纹大径 30 mm 进第一刀，切深 0.9 mm
G32 Z-28 F2；	螺纹车削第一刀，螺距为 2 mm
G00 X32；	X 向退刀
Z5；	Z 向退刀
X28.5；	进第二刀，切深 0.6 mm
G32 Z-28 F2；	螺纹车削第二刀，螺距为 2 mm
G00 X32；	X 向退刀
Z5；	Z 向退刀
X27.9；	进第三刀，切深 0.6 mm
G32 Z-28 F2；	螺纹切削第三刀，螺距为 2 mm
G00 X32；	X 向退刀
Z5；	Z 向退刀
X27.5；	进第四刀，切深 0.4 mm
G32 Z-28 F2；	螺纹切削第四刀，螺距为 2 mm
G00 X32；	X 向退刀
Z5；	Z 向退刀
X27.4；	进第五刀，切深 0.1 mm
G32 Z-28 F2；	螺纹切削第五刀，螺距为 2 mm
G00 X32；	X 向退刀
Z5；	Z 向退刀
X27.4；	光一刀，切深为 0 mm
G32 Z-28 F2；	光一刀，螺距为 2 mm
G00 X100；	X 向退刀
Z100；	Z 向退刀，回换刀点
M30；	程序结束

【例 5 - 2】 内螺纹加工（G32）。

如图 5 - 18 所示，内螺纹的底孔 $\phi22$ mm 已车完，$C1.5$ 的倒角已加工，零件材料为 45 钢。用 G32 指令编制该螺纹的加工程序。

（1）螺纹加工尺寸计算。

实际车削时取内螺纹的底孔的直径 $D_{1计} = D - P =$
$(24 - 2)$ mm = 22 mm。

螺纹实际牙型高度 $h_{1实} = 0.65P = (0.65 \times 2)$ mm =
1.3 mm。

内螺纹实际大径 $D_{计} = D = 24$ mm。

内螺纹小径 $D_1 = D - 1.3P = (24 - 1.3 \times 2)$ mm =
21.4 mm。

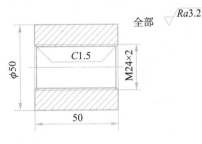

图 5 - 18 内螺纹加工零件图

升速进刀段和减速退刀段分别取 $\delta_1 = 5$ mm，$\delta_2 = 2$ mm。

（2）确定切削用量。

查常用螺纹加工走刀次数表与分层切削余量表，得双边切深为 2.6 mm，分 5 刀切削，分别为 0.9 mm、0.6 mm、0.6 mm、0.4 mm 和 0.1 mm。进给量 $f = P = 2$ mm。

主轴转速 $n \leqslant 1\ 200/P - K = (1\ 200/2 - 80)$ r/min = 520 r/min，取 $n = 400$ r/min。

（3）编程。参考程序如表 5 - 3 所示。

表 5 - 3 参考程序

程　序	说　明
O0003;	程序号
T0404 S400 M03;	螺纹刀 T04，主轴正转 400 r/min
G00 X20 Z5;	螺纹加工的起点
X22.3;	自螺纹小径 21.4 mm 进第一刀，切深 0.9 mm
G32 Z-52 F2;	螺纹车削第一刀，螺距为 2 mm
G00 X20;	X 向退刀
Z5;	Z 向退刀
X22.9;	进第二刀，切深 0.6 mm
G32 Z-52 F2;	螺纹车削第二刀，螺距为 2 mm
G00 X20;	X 向退刀
Z5;	Z 向退刀
X23.5;	进第三刀，切深 0.6 mm
G32 Z-52 F2;	螺纹车削第三刀，螺距为 2 mm

程　序	说　明
G00 X20;	X 向退刀
Z5;	Z 向退刀
X23.9;	进第四刀，切深 0.4 mm
G32 Z−52 F2;	螺纹车削第四刀，螺距为 2 mm
G00 X20;	X 向退刀
Z5;	Z 向退刀
X24;	进第五刀，切深 0.1 mm
G32 Z−52 F2;	螺纹车削第五刀，螺距为 2 mm
G00 X20;	X 向退刀
Z5;	Z 向退刀
X24;	光一刀，切深为 0 mm
G32 Z−52 F2;	光一刀，螺距为 2 mm
G00 X20;	X 向退刀
Z100;	Z 向退刀
X100;	回换刀点
M30;	程序结束

2. **螺纹切削循环（G92）**

通过以上的例题可以看出，使用 G32 加工螺纹时需要多次进刀，程序较长，烦琐且容易出错。为此可以使用螺纹切削循环指令 G92。

指令格式：G92 X(U)__ Z(W)__ I __ F __;

螺纹切削循环指令把"快速进刀—螺纹切削—快速退刀—返回起点"4 个动作作为一个循环。

直螺纹切削循环：G92 X(U)__ Z(W)__ F __;

锥螺纹切削循环：G92 X(U)__ Z(W)__ I __ F __;

其中：X，Z——切削终点的绝对坐标，单位为 mm；

U，W——切削终点相对于切削起点的增量坐标，单位为 mm；

F——螺纹导程；

I——切削起点与切削终点 X 轴绝对坐标的差值（半径值）。

直螺纹和锥螺纹的切削循环如图 5−19 所示。

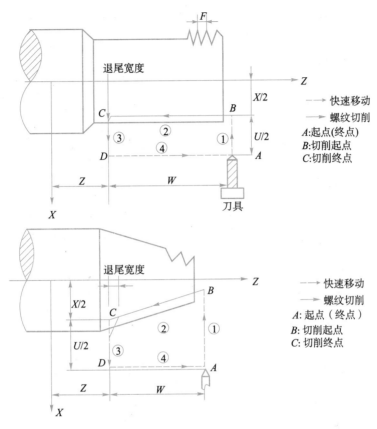

图5-19 直螺纹和锥螺纹的切削循环

练一练

【例5-3】 圆柱螺纹加工（G92）。

如图5-17所示，螺纹外径已车至 $\phi29.8$ mm，4 mm×2 mm 的退刀槽已加工，材料为45钢，用G92指令编制该螺纹的加工程序。

参考程序如表5-4所示。

表5-4 参考程序

程 序	说 明
O0004；	程序号
T0404 S400 M03；	螺纹刀 T04，主轴正转 400 r/min
G00 X31 Z5；	螺纹加工的起点
G92 X29.1 Z-28 F2；	螺纹车削循环第一刀，切深0.9 mm，螺距2 mm
X28.5；	第二刀，切深0.6 mm

程　　序	说　　明
X27.9；	第三刀，切深 0.6 mm
X27.5；	第四刀，切深 0.4 mm
X27.4；	第五刀，切深 0.1 mm
X27.4；	光一刀，切深 0 mm
G00 X100 Z100；	退刀
M30	程序结束

3. 螺纹切削循环（G76）

指令格式：G76 P(m)(r)(α) Q(Δd_{min}) R(d)；

　　　　　G76 X(u) Z(w) R(i) P(k) Q(Δd) F(L)；

其中：X，Z——切削终点的绝对坐标，单位为 mm；

U，W——切削终点相对于切削起点的增量坐标，单位为 mm；

m——精加工重复次数（1～99），本指定是状态指定，在另一个值指定前不会改变，在螺纹精车时，每次进给的切削量等于螺纹精车的切削量 d 除以精车次数 m；

r——倒角量，本指定是状态指定，在另一个值指定前不会改变；

α——刀尖角度：可选择 80°、60°、55°、30°、29°、0°，用 2 位数指定，本指定是状态指定，在另一个值指定前不会改变；

Δd_{min}——最小切削深度（半径值，单位：0.001 mm），本指定是状态指定，在另一个值指定前不会改变；

d——精加工余量，本指定是状态指定，在另一个值指定前不会改变；

i——螺纹部分的半径差，含义及方向与 G92 的 R 相同，如果 i＝0，可作一般直线螺纹切削；

k——螺纹高度，半径值，单位：0.001 mm；

Δd——第一次的切削深度半径值，单位：0.001 mm；

L——螺纹导程。

复合固定循环车削螺纹加工指令加工示意图如图 5 – 20 所示，车削螺纹加工指令深度示意图如图 5 – 21 所示。

指令中 Q、P、R 地址后的数值一般以无小数点的形式表示。

实际加工三角螺纹时，以上参数一般取：$m＝2$，$r＝1.1\,L$，$\alpha＝60°$，表示为 P021160。$\Delta d_{min}＝0.1$ mm，$d＝0.05$ mm，$k＝0.65P$，Δd 根据零件材料、螺纹导程、刀具和机床刚性综合给定，建议取 0.7～2.0 mm。其他参数由零件具体尺寸确定。

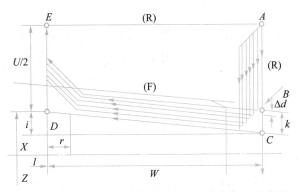

图 5 – 20　复合固定循环车削螺纹加工指令加工示意图

指令执行过程：

（1）从起点快速移动到 B_1，螺纹切深为 Δd。如果 $\alpha = 0$，仅移动 X 轴；如果 $\alpha \neq 0$，X 轴和 Z 轴同时移动，移动方向与 $A \rightarrow D$ 的方向相同。

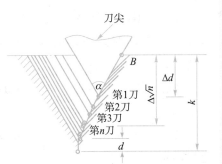

图 5 – 21　车削螺纹加工指令深度示意图

（2）沿平行于 $C \rightarrow D$ 的方向螺纹切削到 $D \rightarrow E$ 相交处（$r \neq 0$ 时有退尾过程）。

（3）X 轴快速移动到 E 点。

（4）Z 轴快速移动到 A 点，单次粗车循环完成。

（5）再次快速移动进刀到 B_n（n 为粗车次数），切深取（$\sqrt{n} \times \Delta d$）、（$\sqrt{n-1} \times \Delta d + \Delta d_{min}$）中的较大值，如果切深小于（$k - d$），转（2）执行；如果切深大于或等于（$k - d$），按切深（$k - d$）进刀到 B_f 点，转（6）执行最后一次螺纹粗车。

（6）沿平行于 $C \rightarrow D$ 的方向螺纹切削到与 $D \rightarrow E$ 相交处（$r \neq 0$ 时有退尾过程）。

（7）X 轴快速移动到 E 点。

（8）Z 轴快速移动到 A 点，螺纹粗车循环完成，开始螺纹精车。

（9）快速移动到 B 点（螺纹切深为 k、切削量为 d）后，进行螺纹精车，最后返回 A 点，完成一次螺纹精车循环。

（10）如果精车循环次数小于 m，转（9）进行下一次精车循环，螺纹切深仍为 k，切削量为零；如果精车循环次数等于 m，G76 复合螺纹加工循环结束。

注意：

①螺纹切削过程中执行进给保持操作后，系统仍进行螺纹切削，螺纹切削完毕，显示"暂停"，程序运行暂停。

②螺纹切削过程中执行单程序段操作，在返回起点后（一次螺纹切削循环动作完成）运行停止。

③系统复位、急停或驱动报警时，螺纹切削减速停止。

④G76 P（m）（r）（α）Q（Δd_{min}）R（d）可全部或部分省略指令地址，省略的地址按参

数设定值运行。

⑤m、r、α 用同一个指令地址 P 一次输入，m、r、α 全部省略时，按参数 No.57、19、58 设定值运行；地址 P 输入 1 位或 2 位数时取值为 α；地址 P 输入 3 位或 4 位数时取值为 r 与 α。

【例 5 – 4】 圆柱螺纹加工（G76）。

如图 5 – 22 所示，螺纹外径已车至 $\phi 29.8$ mm，零件材料为 45 钢，用 G76 指令编制螺纹的加工程序。

（1）螺纹加工尺寸计算。

实际车削时外圆柱面的直径为 $d_{计} = d - 0.2 = (30 - 0.2)$ mm = 29.8 mm。

螺纹实际牙型高度 $h_{1实} = 0.65P = 0.65 \times 2$ mm = 1.3 mm。

螺纹实际小径 $d_{1计} = d - 1.3P = (30 - 1.3 \times 2)$ mm = 27.4 mm。

升速进刀段取 $\delta_1 = 5$ mm。

（2）确定切削用量。

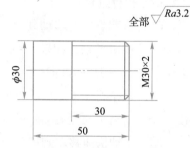

图 5 – 22　圆柱螺纹加工

精车重复次数 $m = 2$，螺纹尾倒角量 $r = 1.1L$，刀尖角度 $\alpha = 60°$，表示为 P021160。最小车削深度 $\Delta d = 1$ mm，表示为 Q100。精车余量 $d = 0.05$ mm，表示为 R50（μm）。螺纹终点坐标 $X = 27.4$ mm，$Z = -30$ mm。螺纹部分的半径差 $i = 0$，R0 可省略。螺纹高度 $k = 1.3$ mm，表示为 P1300。第一次车削深度 $\Delta d = 1.0$ mm，表示为 Q1000。$f = 2$ mm，表示为 F2。

主轴转速 $n \leq 1\ 200/P - K = (1\ 200/2 - 80)$ r/min = 520 r/min，取 $n = 400$ r/min。

（3）编程。参考程序如表 5 – 5 所示。

表 5 – 5　参考程序

程　序	说　明
O0007；	程序号
T0404 S400 M03；	螺纹刀 T04，主轴正转 400 r/min
G00 X31 Z5；	螺纹加工的起点
G76 P021160 Q100 R50；	螺纹车削复合循环
G76 X27.4 Z–30 P1300 Q1000 F2；	螺纹车削复合循环
G00 X100 Z100；	退刀
M30；	程序结束

【例 5 - 5】 内螺纹的加工（G76）。

如图 5 - 23 所示，内螺纹的底孔已车完，$C1.5$ 的倒角已加工，材料为 45 钢。用 G76 指令编制该螺纹的加工程序。

（1）螺纹加工尺寸计算。

实际车削时取内螺纹的底孔直径 $D_{1计} = (30 - 2)$ mm = 28 mm。螺纹实际牙型高度 $h_{1实} = 0.65P = (0.65 \times 2)$ mm = 1.3 mm。内螺纹实际大径 $D_{计} = D = 30$ m。内螺纹小径 $D_1 = D - 1.3P = (30 - 1.3 \times 2)$ mm = 27.4 mm。升速进刀段取 $\delta_1 = 5$ mm。

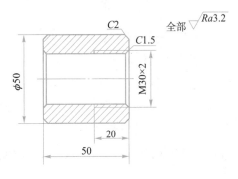

图 5 - 23　内螺纹的加工

（2）确定切削用量。

精车重复次数 $m = 2$，螺纹尾倒角量 $r = 1.1L$，刀尖角度 $\alpha = 60°$，表示为 P021160。最小车削深度 $\Delta d = 0.1$ mm，表示为 Q100。精车余量 $d = 0.05$ mm，表示为 R50。螺纹终点坐标 $X = 30$ mm，$Z = -20$ mm。螺纹部分的半径差 $i = 0$，R0 可省略。螺纹高度 $k = 1.3$ mm，表示为 P1300。第一次车削深度 $\Delta d = 1.0$ mm，表示为 Q1000。$f = 2$ mm，表示为 F2。

主轴转速 $n \leqslant 1\ 200/P - K = (1\ 200/2 - 80)$ r/min = 520 r/min，取 $n = 400$ r/min。

（3）编程。参考程序如表 5 - 6 所示。

4. 多线螺纹的加工方法

螺纹有单线和多线之分，螺纹上有一条螺旋线的是单头螺纹，有两条以上螺旋线的是多头螺纹。螺纹上相邻两螺旋线之间的距离称为螺距。同一条螺旋线上相邻两牙之间的距离称为导程，如三头螺纹，导程就是三个螺距。以此，导程与螺距的关系式为（图 5 - 24）：

表 5 - 6　参考程序

程　　序	说　　明
O0009;	程序号
T0404 S400 M03;	螺纹刀 T04，主轴正转 400 r/min
G00 X27 Z5;	螺纹加工的起点
G76 P021160 Q100 R50;	螺纹车削复合循环
G76 X30 Z-20 P1300 Q1000 F2;	螺纹车削复合循环
G00 X100 Z100;	退刀
M30;	程序结束

$$F = P \times n$$

式中：F——螺纹导程，单位为 mm；

n——螺纹头数；

P——螺纹螺距，单位为 mm。

多头螺纹的标注方式有以下几种：

①第一种为"公称直径×*Ph* 导程 *P* 螺距"，如果要进一步表明螺纹的头数，可在后面增加括号用英语说明，如双头为 two starts，三头为 three starts，四头为 four starts 等，如 M30 × *Ph*3*P*1.5（two starts）。

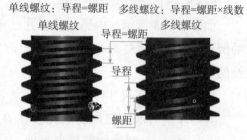

单线螺纹：导程=螺距　　多线螺纹：导程=螺距×线数

图 5-24　螺距与导程

②第二种为"公称直径×导程/螺纹头数"，如 M30 × 3/2。

③第三种为"公称直径×螺距（*n* 头螺纹）"，如 M30 × 1.5（two starts）。

④第四种为"公称直径×导程（*P* 螺距）"，如 M30 × 3（*P*1.5）。

M30 × *Ph*3*P*1.5（two starts）、M30 × 3/2、M30 × 1.5（two starts）和 M30 × 3（*P*1.5）都表示的是公称直径是 30 mm，导程是 3 mm，螺距是 1.5 mm 的双头螺纹。

了解了多头螺纹与单头螺纹的不同，就可以很容易地加工出多头螺纹了。因系统不同，加工多头螺纹的方法也不尽相同，有的系统编程时可直接给出螺纹的头数。有的系统需要给出分头角度，即第一条螺纹螺旋线切入工件时的切入点与第二条螺纹螺旋线切入工件时的切入点之间的角度。如双头螺纹的分头角度是 360° ÷ 2 = 180°，三头螺纹的分头角度是 360° ÷ 3 = 120°，四头螺纹的分头角度是 360° ÷ 4 = 90°。

1）数控系统自带的多头螺纹编程格式

如加工 M30 × 3/2 双头螺纹，广数 GSK980TDa 可以用螺纹头数编程，螺纹循环指令为 G92，程序为"G92 X29.2 Z-50.0 F3.0 L2"，在加工多头螺纹时，不论任何系统，F 都指导程，而不是螺距，所以式中 F3.0 指螺纹的导程是 3 mm，L2 指螺纹的头数是 2。华中世纪星系统用螺纹头数和分头角度混合编程，螺纹循环指令为 G82，则 M30 × 3/2 的螺纹循环程序为"G82 X29.2 Z-50.0 C2 P180 F3"，其中 C2 指螺纹的头数是 2，P180 指双头螺纹的分头角度是 180°，F3 指螺纹的导程是 3 mm。世纪星系统用 G76 编程时，取消了螺纹头数的指令，只需给出分头角度 P 即可。

2）通过改变螺纹加工起始点距离的加工方式

还有一种加工多头螺纹的方法，适用于任何系统，即加工第二条螺旋线时，螺纹切削的起点向前或向后移动一个螺距的距离。如加工 M30 × 6/3 三头螺纹时，螺纹导程是 6 mm，螺纹头数是 3，所以螺距是 2 mm。假如加工第一条螺旋线时，刀具的螺纹切削起点定位在 Z10.0，切削第二条螺旋线时，刀具的螺纹切削起点可定位在 Z8.0 或 Z12.0 的位置上，切削第三条螺旋线时，刀具的螺纹切削起点可定位在 Z6.0 或 Z14.0 的位置上，程序如下：

```
G00 X34 Z10;（第一条螺旋线的起点）
G92 X29.2 Z-50 F6;（加工第一条螺旋线）
...
```

```
G00 X34 Z12;(第二条螺旋线的起点)
G92 X29.2 Z-50 F6;(加工第二条螺旋线)
…
G00 X34 Z14;(第三条螺旋线的起点)
G92 X29.2 Z-50 F6;(加工第三条螺旋线)
…
```

加工四头、五头、六头等螺纹时同理。用 G76 编程时道理相同。注意为了安全起见，刀具的螺纹切削起点一般都往后移动，因为如果螺纹头数多的话，往前移刀具可能会碰到工件上。

用 G76 编程时，也是采用螺纹循环的起点向前或向后移动一个螺距距离的方法编程。广数 980 系列在 G76 程序段中是不能实现多头螺纹加工的。另外，还可以单独把 G92 或 G76 程序段编成子程序，通过调用子程序的方法加工多头螺纹。

练一练

【例 5 - 6】　用螺纹加工起始点距离的方法，以加工如图 5 - 25 所示的 M40 × 8（P2）四头外螺纹为例，完成该多头螺纹的加工。

已知螺纹公称直径为 40 mm，导程为 8 mm，螺距为 2 mm，螺纹实际小径 $d_{1计} = d - 1.3P = (40 - 1.3 × 2)$ mm = 37.4 mm。

在广州数控上用 G92 加工圆柱螺纹的常用格式为："G92 X __ Z __ F __;"。用 G92 加工好一头螺纹后，刀具沿 Z 轴向前或向后一个螺距加工另一头螺纹，直到将多头螺纹加工结束。参考程序如表 5 - 7 所示。

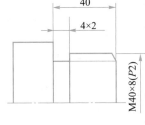

图 5 - 25　多头螺纹

表 5 - 7　加工螺纹参考程序

程　　　序	说　　　明
O0001;	程序号
T0404 S500 M03;	螺纹刀 T04，主轴正转 500 r/min
G00 X50 Z10;	螺纹加工的起点
G92 X39.1 Z-34 F8;	螺纹车削单一固定循环，加工第一头螺纹
X38.5;	螺纹车削单一固定循环
X37.9;	螺纹车削单一固定循环
X37.5;	螺纹车削单一固定循环
X37.4;	螺纹车削单一固定循环
X37.4;	切到螺纹实际小径

程　　序	说　　明
G00 Z12;	刀具沿 Z 轴正方向移动一个螺纹2 mm
G92 X39.1 Z－34 F8;	螺纹车削单一固定循环，加工第二头螺纹
X38.5;	螺纹车削复合循环
X37.9;	螺纹车削单一固定循环
X37.5;	螺纹车削单一固定循环
X37.4;	螺纹车削单一固定循环
X37.4;	切到螺纹实际小径
G00 Z14;	刀具沿 Z 轴正方向移动一个螺纹2 mm
G92 X39.1 Z－34 F8;	螺纹车削单一固定循环，加工第三头螺纹
X38.5;	螺纹车削复合循环
X37.9;	螺纹车削单一固定循环
X37.5;	螺纹车削单一固定循环
X37.4;	螺纹车削单一固定循环
X37.4;	切到螺纹实际小径
G00 Z16;	刀具沿 Z 轴正方向移动一个螺纹2 mm
G92 X39.1 Z－34 F8;	螺纹车削单一固定循环，加工第四头螺纹
X38.5;	螺纹车削复合循环
X37.9;	螺纹车削单一固定循环
X37.5;	螺纹车削单一固定循环
X37.4;	螺纹车削单一固定循环
X37.4;	切到螺纹实际小径
G00 X100 Z100;	退刀
M30;	程序结束

该方法加工的特点是程序看起来很清晰，但程序太长，重复程序段太多，为简化程序可将其中重复的部分改用子程序来写，如表5－8所示。

在优化的程序中，主程序直接用 M98 P42000 调用4次子程序，使程序结构简化；在程序中"G00 W2"的作用是当加工完一头螺纹后，刀具沿着 Z 轴的正方向移动一个螺距2 mm进行多螺纹加工，这一句是实现多头螺纹加工的重要依据。这种方法使子程序更加简洁，程序结构清晰。

表 5 - 8　加工螺纹简化后的程序

程　序	说　明
O0002;	程序号（主程序）
T0404 S500 M03;	螺纹刀 T04，主轴正转 500 r/min
G00 X50 Z10;	螺纹加工的起点
M98 P42000;	调用子程序 O2000 共 4 次
G00 X100 Z100;	退刀
M30;	程序结束
O2000;	
G92 X39.1 Z-34 F8;	螺纹车削单一固定循环，加工第四头螺纹
X38.5;	螺纹车削复合循环
X37.9;	退刀
X37.5;	
X37.4;	
X37.4;	切到螺纹实际小径
G00 W2;	Z 轴移动 2 mm
M99;	子程序调用程序

　　多头螺纹的加工，除了上面介绍的方法，也可以采用 G32 的格式加工，但 G32 的程序段更长，采用子程序或 G92 格式加工多头螺纹，可使程序非常简洁明了，程序结构很清晰。这种编程方法在其他数控系统如华中数控、FANUC 上也适用。对于大螺距的螺纹在子程序中将 G92 换成 G76 螺纹复合循环即可进行加工，二者进刀方式不同，此处不再做说明。

 任务实施

　　1. 图样分析

　　如图 5 - 1 所示，该零件主要包括外圆、内孔、内外槽、内外螺纹、倒角等加工。零件材料为 45 钢，无热处理和硬度要求，表面粗糙度全部为 $Ra3.2\ \mu m$。

　　2. 加工方案

　　1）装夹方案

　　由于毛坯为棒料，采用三爪自定心卡盘分两次装夹，确定合适的伸出长度（应将机床的限位距离考虑进去）。

2）位置点

（1）工件零点。设置在工件左、右端面与轴线的交点上。

（2）换刀点。为防止刀具与工件或尾座碰撞，换刀点设置在（X100，Z100）的位置上。

（3）起刀点。零件毛坯尺寸为 φ50 mm×80 mm，该零件外轮廓的加工采用循环指令，为了使走刀路线短，减少循环次数，循环起点可以设置在（X50，Z2）的位置上。用刀宽为4 mm 的车槽刀以左刀尖为刀位点，车螺纹时注意预留。

3．工艺路线确定

（1）平端面。

（2）打中心孔。

（3）用 φ20 mm 麻花钻钻孔，深约 25 mm。

（4）粗、精车孔。

（5）加工内槽 5 mm×φ26 mm。

（6）加工内螺纹 M24×1.5。

（7）粗、精车零件右端外轮廓 φ48 mm、φ40 mm 至尺寸要求，长度尺寸加工至45 mm 处。

（8）调头夹持 φ40 mm 外圆，平端面定总长。

（9）粗、精车零件左端外轮廓 φ35 mm、φ30 mm 至尺寸要求，长度尺寸加工至36 mm 处。

（10）4 mm 槽刀车外槽 4 mm×2 mm。

（11）车外螺纹 M30×1.5。

4．制定工艺卡片

刀具的选择见表 5-9 刀具卡。

表 5-9　刀具卡

产品名称或代号			零件名称		零件图号	
序号	刀具号	刀具名称及规格	数量	加工表面	刀尖半径/mm	备注
1	T0101	90°外圆车刀	1	平端面、粗精车外轮廓	0.2	
2	T0202	切槽刀	1	车外槽	B=4	左刀尖
3	T0303	三角外螺纹刀	1	车外螺纹		
4	T0404	内孔车刀	1	车内孔	0.2	
5	T0505	内沟槽刀	1	车内槽	B=5	左刀尖
6	T0606	三角内螺纹刀	1	车内螺纹		

切削用量的选择见表 5-10 工序卡。

表 5 – 10 　工序卡

数控加工工序卡		产品名称			零件名		零件图号
工序号	程序编号	夹具名称		夹具编号	使用设备		车间
工步号	工步内容	切削用量			刀具		备注
		主轴转速 $n/(\mathrm{r \cdot min^{-1}})$	进给速度 $f/(\mathrm{mm \cdot min^{-1}})$	背吃刀量 a_p/mm	编号	名称	
1	平左端面	500		1	T0101	90°外圆车刀	手动
2	打中心孔	800				中心钻	手动
3	钻孔	400				φ20 mm 麻花钻	手动
4	粗车孔	500	100	1	T0404	内孔车刀	自动
5	精车孔	700	70	0.25	T0404	内孔车刀	自动
6	车内槽	350	20		T0505	内沟槽刀	自动
7	车内螺纹	500			T0606	内螺纹刀	自动
8	平右端面	500			T0101	90°外圆车刀	手动
9	粗车右端外轮廓	800	160	1.5	T0101	90°外圆车刀	自动
10	精车右端外轮廓	1 000	100	0.25	T0101	90°外圆车刀	自动
11	车外槽	400	20		T0202	切槽刀	自动
12	车外螺纹	500			T0303	外螺纹刀	自动

5. 编制程序

车螺纹参考程序如表 5 – 11 和表 5 – 12 所示。

表 5 – 11 　车内螺纹参考程序

程　序	说　明
O0003；	程序名
T0606 M03 S500；	选用内螺纹刀，主轴正转 500 r/min
G00 X100 Z100；	定位到安全点
X21 Z5；	定位至螺纹加工循环起点
G92 X22.85 Z-17 F1.5；	螺纹车削循环第一刀，切深 0.8 mm

程　序	说　明
X23.45；	第二刀，切深 0.6 mm
X23.85；	第三刀，切深 0.4 mm
X24；	第四刀，切深 0.15 mm
X24；	光一刀，切深 0 mm
G00 X100 Z100；	退刀
M30；	程序结束

表 5－12　车外螺纹参考程序

程　序	说　明
O0006；	程序名（G92 指令）
T0303 M03 S500；	选用外螺纹刀，主轴正转，转速 500 r/min
G00 X100 Z100；	定位到安全点
X31 Z5；	定位至螺纹加工循环起点
G92 X29.2 Z－17 F1.5；	螺纹车削循环第一刀，切深 0.8 mm
X28.6；	第二刀，切深 0.6 mm
X28.2；	第三刀，切深 0.4 mm
X28.05；	第四刀，切深 0.15 mm
X28.05；	光一刀，切深 0 mm
G00 X100 Z100；	退刀
M30；	程序结束
O0007；	程序号
T0303 M03 S500；	选用外螺纹刀，主轴正转，转速 500 r/min
G00 X100 Z100；	定位到安全点
X35 Z5；	定位至螺纹加工循环起点
G76 P021160 Q100 R50；	设定螺纹切削参数，实现螺纹切削复合循环
G76 X28.05 Z－17 P975 Q200 F1.5；	
G00 X100 Z100；	退至换刀点
M30；	程序结束

6. 零件加工

按表 5 – 11 和表 5 – 12 所示程序加工零件内螺纹和外螺纹。

 任务评价

教师与学生评价表参见附表，包括程序与工艺评分表、安全文明生产评分表、工件质量评分表和教师与学生评价表。表 5 – 13 所示为本工件的质量评分表。

表 5 – 13　工件质量评分表

		工件质量评分表（40 分）					
序号	考核项目	考核内容及要求		配分	评分标准	检测结果	得分
1	外圆	$\phi 35$ mm	IT	2	超差 0.01 扣 1 分		
			$Ra3.2$ μm	2	降一级扣 1 分		
		$\phi 48$ mm	IT	2	超差 0.01 扣 1 分		
			$Ra3.2$ μm	2	降一级扣 1 分		
		$\phi 40$ mm	IT	2	超差 0.01 扣 1 分		
			$Ra3.2$ μm	2	降一级扣 1 分		
2	长度	20 mm	IT	2	超差 0.01 扣 1 分		
		12 mm	IT	2	超差 0.01 扣 1 分		
		15 mm	IT	2	超差 0.01 扣 1 分		
		30 mm	IT	2	超差 0.01 扣 1 分		
		78 mm	IT	2	超差 0.01 扣 1 分		
3	槽	4 mm × 2 mm	IT	2	超差 0.01 扣 1 分		
			$Ra3.2$ μm	2	降一级扣 1 分		
		5 mm × $\phi 26$ mm	IT	2	超差 0.01 扣 1 分		
			$Ra3.2$ μm	2	降一级扣 1 分		
4	螺纹	M30 × 1.5	合格	2	不合格不得分		
			$Ra3.2$ μm	2	降一级扣 1 分		
		M24 × 1.5	合格	2	不合格不得分		
			$Ra3.2$ μm	2	降一级扣 1 分		
5	倒角	$C2$ mm		2	不合格不得分		
		总分					

项目六　数控铣削基本认知与操作

 学习情境

数控铣床是生产中使用非常广泛的一种数控机床，能够加工面类、轮廓类和孔类零件。利用数控铣床加工复杂零件，首先要掌握它的结构、功能特点、编程基础知识、基本操作及工艺路线的制定。

【知识目标】

◇ 了解数控铣床的基本结构、功能特点及分类；

◇ 了解 FANUC 数控系统常用指令和数控程序结构；

◇ 了解数控铣床日常维护和常见故障；

◇ 掌握数控铣床基本操作；

◇ 掌握铣削工艺路线的制定。

【能力目标】

◇ 具有正确选择和使用设备的能力；

◇ 能够识读简单数控铣削程序；

◇ 能够正确起动、停止数控铣床；

◇ 能够正确维护数控铣床。

榜样故事6

《大国工匠·匠心报国》

曹彦生：为导弹"雕刻"翅膀

【思政目标】

◇ 小组学习的过程中，具备发现问题解决问题的能力；具有团队协作，提炼总结，科学合理制定、实施工作计划的能力；

◇ 上机床操作具备良好的心理素质和克服困难的能力；

◇ 成果展示阶段，具有进行自我批评和自我检查的能力。

 任务描述

了解图6-1所示数控铣床的基本组成和操作。

任务分析

1. 数控铣床基础知识

（1）简述数控铣床的分类和加工对象。

（2）简述数控铣床编程方法。

（3）简述坐标系的确定及程序的结构。

2. 数控铣床的操作

（1）数控铣床的安全操作规程是什么？如何进行维护和保养？

（2）简述数控铣床界面的使用、对刀及程序的输入。

图 6 - 1　数控铣床

相关知识

（一）数控铣削基础知识

1. 数控铣床的分类

数控铣床可根据主轴位置、构造和坐标轴数量进行分类，具体分类如下。

视频 6 - 1 - 1：
数控铣床
的结构及特点

视频 6 - 1 - 2：
数控铣床的分类

1）按主轴位置分类

（1）立式数控铣床。立式数控铣床在数量上一直占据数控铣床的大多数，应用范围也最广。主轴与机床工作台面垂直，工件装夹方便，加工时便于观察，但不便于排屑，如图 6 - 2 所示。

（2）卧式数控铣床。卧式数控铣床与通用卧式铣床相同，其主轴轴线平行于水平面。为了扩大加工范围和扩充功能，卧式数控铣床通常采用增加数控转盘或万能数控转盘来实现四、五轴坐标加工。这样，不但工件侧面上的连续回转轮廓可以加工出来，而且可以实现在一次安装中，通过转盘改变工位，进行"四面加工"，如图 6 - 3 所示。

（3）立卧两用数控铣床。目前，这类数控铣床已不多见，由于这类铣床的主轴方向可以更换，能达到在一台机床上既可以进行立式加工，又可以进行卧式加工，从而同时具备上述两类机床的功能，如图 6 - 4 所示。其使用范围更广，功能更全，选择加工对象的余地更大，但价格较贵。

图 6 - 2　立式数控铣床

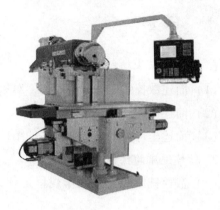

图 6 – 3　卧式数控铣床　　　　　　　图 6 – 4　立卧两用数控铣床

2）按构造分类

（1）工作台升降式数控铣床。这类数控铣床采用工作台移动、升降，而主轴不动的方式。小型数控铣床一般采用此种方式。

（2）主轴头升降式数控铣床。这类数控铣床采用工作台纵向和横向移动，且主轴沿垂直方向上下运动；主轴头升降式数控铣床在精度保持、承载质量、系统构成等方面具有很多优点，已成为数控铣床的主流。

（3）龙门式数控铣床。对于大尺寸的数控铣床，一般采用对称的双立柱结构，以保证机床的整体刚性和强度，这就是数控龙门铣床。数控龙门铣床有工作台移动和龙门架移动两种形式。它适用于加工飞机整体结构零件、大型箱体零件和大型模具等。

3）按联动坐标轴数量分类

从数控系统控制的坐标轴联动数量上可分为 2.5 轴、3 轴、4 轴和 5 轴数控铣床。目前 3 坐标数控立式铣床仍占大多数，一般可进行 3 坐标联动加工。但也有部分机床只能进行 3 个坐标中的任意两个坐标联动加工（常称为 2.5 坐标加工）。此外，还有机床主轴可以绕 X、Y、Z 坐标轴中的一个或两个轴作数控摆角运动的 4 坐标和 5 坐标数控立式铣床。

2. 数控铣床的加工对象

铣削加工是机械加工中最常用的加工方法之一，它主要包括平面铣削和轮廓铣削，也可以对零件进行钻、扩、铰、镗、锪及螺纹加工等。数控铣削主要适合平面类零件、变斜角类零件、立体曲面类零件等的加工。

视频 6 – 1 – 3：
数控铣床的工艺范围

（1）平面类零件。平面类零件是指加工面平行或垂直于水平面，以及加工面与水平面的夹角为一定值的零件，这类加工面可展开为平面，如图 6 – 5 所示。

（2）变斜角类零件。变斜角类零件是指加工面与水平面的夹角呈连续变化的零件，如图 6 – 6 所示。其加工面不能展开为平面，但在加工中，铣刀圆周与加工面接触的瞬间为一直线。从截面（1）至截面（2）变化时，其与水平面间的夹角从 3°10′ 均匀变化为 2°32′，

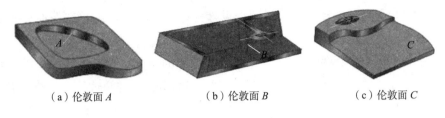

（a）伦敦面 A　　　　　（b）伦敦面 B　　　　　（c）伦敦面 C

图 6 – 5　平面类零件

从截面（2）到截面（3）均匀变化为 1°20′，最后到截面（4），斜角均匀变化为 0°。这类零件也可在三坐标数控铣床上采用行切加工法实现近似加工。

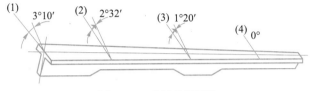

图 6 – 6　变斜角类零件

（3）立体曲面类零件。加工面为空间曲面的零件称为立体曲面类零件，如图 6 – 7 所示。这类零件的加工面不能展成平面，一般使用球头铣刀切削，加工面与铣刀始终为点接触，若采用其他刀具加工，易产生干涉而铣伤邻近表面。加工立体曲面类零件一般使用三坐标数控铣床。图 6 – 8 所示零件选用五轴联动加工。

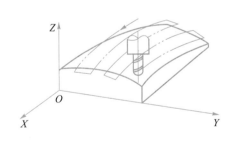

图 6 – 7　立体曲面类零件

图 6 – 8　典型的曲面类零件

（二）数控铣床编程方法

数控铣床编程方法主要有手工编程和自动编程两种。

1. 手工编程

手工编程是指编制零件数控加工程序的各个步骤，即从零件图样分析、工艺决策、确定加工路线和工艺参数、计算刀位轨迹和坐标数据、编写零件的数控加工程序单直至程序的检验，均由人工来完成。它要求编程人员不仅要熟悉数控指令及编程规则，还要具备数控加工工艺知识和数值计算能力。

2. 自动编程

自动编程又称交互式 CAD/CAM 编程。利用 CAD/CAM 软件，实现造型及图像自动编程。在编程时编程人员首先利用计算机辅助设计（CAD）或自动编程软件本身的零件造型功能，构建出零件几何形状，然后对零件图样进行工艺分析，确定加工方案，其后还需利用软件的计算机辅助制造（CAM）功能，完成工艺方案的制定、切削用量的选择、刀具及其参数的设定，自动计算并生成刀位轨迹文件，利用后置处理功能生成指定数控系统用的加工程序。因此我们把这种编程方式称为图形交互式自动编程。这种自动编程系统是一种 CAD 与 CAM 高度结合的编程系统，具有形象、直观和高效等优点。

（三）数控铣床坐标系

1. 坐标系

数控铣床坐标系也采用右手笛卡儿直角坐标系，如图 6 - 9 所示。

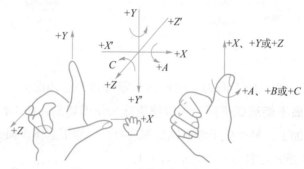

图 6 - 9　　右手笛卡儿直角坐标系

（1）Z 坐标轴定义为平行机床主轴的坐标轴，其正方向规定为从工件台到刀具夹持的方向，即刀具远离工件的运动方向。

（2）X 坐标轴为水平的，垂直于工件装夹平面的坐标轴，一般规定操作人员面向机床时右侧为正 X 方向。

（3）Y 坐标轴垂直于 X、Z 坐标轴，其正方向则根据 X 轴和 Z 轴按右手直角笛卡儿坐标系来确定。如图 6 - 10 所示为数控铣床上三个运动的正方向。

2. 坐标原点

1）机械原点

机械原点又称机床原点，是机械坐标系的原点，它的位置在各坐标轴的正向最大极限处，是机床制造商设置在机床上的一个物理位置，其作用是使数控机床与控制系统同步，建立测量机床运动坐标的起始点。每次起动数控机床时，首先必须进行机械原点回归操作，使数控

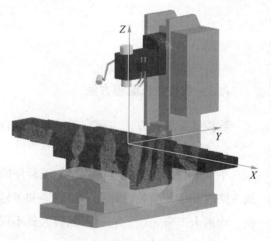

图 6 - 10　　数控铣床坐标系

机床与控制系统建立起坐标关系，并使控制系统对各轴的限位功能起作用。

如图 6-11（a）所示，图中 O_1 即为立式数控铣床的机床原点，O_1 点位于 X、Y、Z 三轴正向移动的极限位置。

2）工件坐标系原点

工件坐标系原点亦称编程原点或程序原点，对于数控铣床一般用 G54~G59 来设置编程原点，如图 6-11（b）中所示的 O_2 点。编程原点应尽量选择在零件的设计基准或工艺基准上，并考虑到编程的方便性，编程坐标系中各轴的方向应该与所使用数控机床相应的坐标轴方向一致。

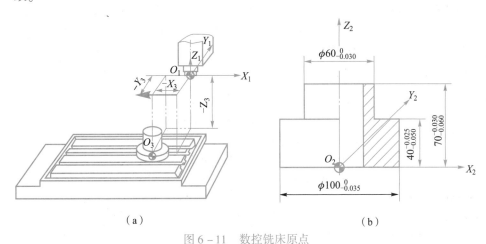

（a）　　　　　　　　　　　　　　（b）

图 6-11　数控铣床原点

3）加工原点

加工原点也称程序原点，是指零件被装卡好后，相应的编程原点在机床原点坐标系中的位置。在加工过程中，数控机床是按照工件装卡好后的加工原点及程序要求进行自动加工的。加工原点如图 6-11（a）中的 O_3 所示。加工坐标系原点在机床坐标系下的坐标值 X_3、Y_3、Z_3，即为系统需要设定的加工原点设置值。

（四）数控铣削编程基础

1. 程序的基本结构

数控铣床程序和数控车床程序结构相同，都是由程序名、程序段和程序结束符三部分组成。

下面以图 6-12 所示零件的加工程序为例简单介绍程序的组成，程序如表 6-1 所示。

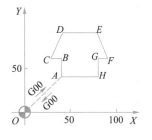

图 6-12　加工零件

表 6-1　程序组成

程序	注释	组成部分名称
O1234;	程序编号，以 O 开头，范围为 0001~9999，其余被厂家占用	程序开始部分

程序	注释	组成部分名称
N01 G90 G54 G00 X0 Y0； N02 S800 M03； N03 Z100； N04 Z5； N05 G01 Z–10 F100； N06 G41 X40 Y40 D01 F200； N07 Y60； N08 X30； N09 X40 Y90；	准备工作，告知程序编制方式、刀具初始位置、选用坐标系等 主轴以一定速度和方向旋转起来 N03～N16 为刀具运动轨迹 F 代表刀具的进给速度分别为 100 mm/min 和 200 mm/min X、Y、Z 代表刀具运动位置，单位一般为 mm	程序内容（由程序段组成）
N10 X80； N11 X90 Y60； N12 X80； N13 Y40； N14 X40； N15 G40 X0 Y0； N16 G00 Z100；	D 为刀具半径偏置寄存器，数字表示刀具半径补偿号，在执行程序之前，需提前在相应刀具半径偏置寄存器中输入刀具半径补偿值 另外，段号以 N 开头，一般四位数字，范围为 0001～9999	
N13 M05；	主轴停转	
N14 M30；	程序结束	程序结束部分

2. 常用编程指令代码

在数控编程中，有的编程指令是不常用的，有的只适用于某些特殊的数控机床。这里只介绍一些数控铣床常用的编程指令，对于不常用的编程指令，请参考相应数控机床编程手册。

1）准备功能指令（G 代码）

数控铣床上 G 代码的有关规定和含义如表 6-2 所示。

表 6-2　G 代码及相应功能

G 代码	功能	G 代码	功能
G00	快速定位	G52	局部坐标系设定
G01	直线插补（切削进给）	G53	选择机床坐标系
G02	圆弧插补（顺时针）	G54～59	选择工件坐标系
G03	圆弧插补（逆时针）	G68	坐标系旋转有效
G15	极坐标指令消除	G69	坐标系旋转取消
G16	极坐标指令	G73	高速深孔啄钻固定循环
G17	XY 平面选择	G74	左旋攻螺纹循环

G 代码	功能	G 代码	功能
G18	*ZX* 平面选择	G76	精镗循环
G19	*YZ* 平面选择	G80	固定循环取消
G20	英寸输入	G81	钻孔固定循环
G21	毫米输入	G82	锪孔循环
G22	脉冲当量输入	G83	深孔啄钻固定循环
G28	返回参考点（第一参考点）	G84	右旋攻螺纹循环
G29	从参考点返回	G85	镗孔循环
G30	返回第二、三、四参考点	G86	镗孔循环
G40	取消刀具半径补偿	G87	背镗循环
G41	刀具半径左补偿	G88	镗孔循环
G42	刀具半径右补偿	G89	镗孔循环
G43	正向刀具长度补偿	G90	绝对坐标编程方式
G44	负向刀具长度补偿	G91	相对坐标编程方式
G49	刀具长度补偿取消	G92	设定工件坐标系
G50	比例缩放取消	G94	每分进给
G51	比例缩放有效	G95	每转进给
G50.1	可编程镜像取消	G98	固定循环回到初始点
G51.1	可编程镜像有效	G99	固定循环回到 *R* 点

备注：以上 G 代码均为模态指令（或续效指令）。

2）辅助功能指令（M 代码）

数控铣床上常用的 M 代码如表 6 - 3 所示。

表 6 - 3　M 代码的说明

M 代码	功能	M 代码	功能
M00	程序停止	M08	冷却液开
M01	选择程序停止	M09	冷却液关
M02	程序结束	M30	程序结束并返回
M03	主轴顺时针旋转	M98	调用子程序
M04	主轴逆时针旋转	M99	子程序取消
M05	主轴停止		

3. 其他功能

1）主轴功能（S）

主轴功能 S 控制主轴转速，其后的数值表示主轴速度单位为转/分（r/min）或米/分（m/min），S 是模态指令，S 功能只有在主轴速度可调节时有效。

2）进给速度（F）

F 指令表示刀具相对于工件的合成进给速度，F 的单位取决于 G94（每分进给量）或 G95（每转进给量），操作面板上的倍率按键（或旋钮）可在一定范围内进行倍率修调，当执行攻螺纹循环 G74、G84 及螺纹切削 G33 时倍率开关失效，进给倍率固定在 100%。

3）刀具功能（T）

T 代码用于选刀后的数值，在加工中心上执行 T 指令，刀库转动选择所需的刀具，然后等待直到 M06 指令作用时自动完成换刀。

4）刀补功能（D、H）

（1）数控系统设置有若干个刀具偏置寄存器，专供刀具补偿之用。进行数控编程时，只需调用所需刀具补偿参数（刀具半径、刀具长度）所对应的寄存器编号即可。

（2）如果没有编写 D、H 指令，刀具补偿值无效。

（3）刀具半径补偿必须与 G41/G42 一起执行；刀具长度补偿必须与 G43/G44 一起执行。

（五）数控铣床的安全操作规程与维护

1. 数控铣床的操作规程

数控铣床属贵重的加工设备，为保证设备的使用性能及设备精度，要求使用者必须经过专门培训，操作者除了要掌握好数控铣床的性能和精心操作外，还要管好、用好和维护好数控铣床，严格遵守操作规程，应当做到以下几点：

视频 6-1-4：数控铣床的安全操作及维护保养

（1）起动数控铣床系统前必须仔细检查以下各项：

①所有开关应处于非工作的安全位置。

②机床的润滑系统及冷却系统应处于良好的工作状态。

③检查工作台区域有无搁放其他杂物，确保运转畅通。

（2）打开数控铣床电器柜上的电器总开关，按数控铣床控制面板上的"ON"按钮，起动数控系统，等自检完毕后进行数控铣床的强电复位。

（3）起动数控铣床后，应手动操作使数控铣床回参考点，首先返回 +Z 方向，然后返回 +X 和 +Y 方向。

（4）程序输入前必须严格检查程序的格式、代码及参数选择是否正确，确认无误方可进行输入操作。

（5）程序输入后必须首先进行加工轨迹的模拟显示，确定程序是否正确后，方可进行加工操作；在操作过程中必须集中注意力，谨慎操作。运行过程中，一旦发生问题，及时按下"复位"按钮或"紧急停止"按钮。

（6）主轴起动前应注意检查以下各项：

①必须检查变速手柄的位置是否正确，以保证传动齿轮的正常啮合。

②按照程序给定的坐标要求，调整好刀具的工作位置，检查刀具是否拉紧、刀具旋转是否撞击工件等。

③禁止工件未压紧就起动数控铣床。

④调整好工作台的运行限位。

（7）操作数控铣床进行加工时应注意以下各项：

①加工过程不得拨动变速手柄，以免打坏齿轮。

②必须保持精力集中，发现异常要立即停车及时处理，以免损坏设备。

③装卸工件、刀具时，禁止用重物敲打机床部件。

④务必在机床停稳后，再进行测量工件、检查刀具、安装工件等各项工作。

⑤严禁戴手套操作机床。

⑥操作者离开机床时，必须停止机床的运转。

⑦手动操作时，在 X、Y 轴移动前，必须使 Z 轴处于较高位置，以免撞刀。

⑧更换刀具时应注意操作安全。在装入刀具时应将刀柄和刀具擦拭干净。

（8）严禁任意修改、删除机床参数。

（9）关机前，应使刀具处于较高位置，把工作台上的切屑清理干净，把机床擦拭干净。

（10）操作完毕先关闭系统电源，再关闭电器总开关；清理工具，把刀架停放在远离工件的换刀位置，保养数控铣床和打扫工作场地。

2. 机床维修保养规范

（1）检查数控铣床设备整体外观是否有异常情况，保证设备清洁、无锈蚀。

（2）检查导轨润滑油箱的油量是否满足要求。

（3）检查主轴润滑恒温油箱的油温和油量。

（4）检查数控铣床液压系统的油泵有无异常噪声，油面高度、压力表是否正常，管路及各接头有无泄漏等。

（5）检查压缩空气气源压力是否正常。

（6）检查 X、Z 轴导轨面的润滑情况及清除切屑和脏物，检查导轨面有无刮伤或损坏现象。

（7）开机后低转速运行主轴 5 min 检查各系统是否正常。

（8）每天开机前对各运动副加油润滑，并使机床空运转 3 min 后，按说明书要求调整数控铣床；并检查数控铣床各部件及手柄是否处于正常位置。

3. 安全规定

（1）操作者必须认真阅读和掌握数控铣床上的危险、警告、注意等标识说明。

（2）严格遵守操作规程和日常保养制度，尽量避免因操作不当引起的故障。

（3）操作者操作数控铣床前，必须确认主轴润滑与导轨润滑是否符合要求，油量不足应按说明书加入合适的润滑油，并确认气压是否正常。

（4）定期检查清扫数控柜空气过滤器和电气柜内电路板和电气元件，避免积累灰尘。

（5）数控铣床防护罩、内锁或其他安全装置失效时，必须停止使用。

（6）操作者严谨修改数控铣床参数。

（7）数控铣床维护或其他操作过程中，严禁将身体深入工作台下。

（8）检查、保养、修理之前，必须切断电源。

（9）严禁超负荷、超行程、违规操作数控铣床。

（10）操作数控铣床时思想高度集中，严禁戴手套、扎领带和人走机不停的现象发生。

（11）爱护数控铣床工作台面和导轨面。毛坯件、手锤、扳手、锉刀等不准直接放在工作台面和导轨面上。

（12）工作台上有工件、附件或障碍物时，数控铣床各轴的快速移动倍率应小于50%。

（13）下班前执行电脑关闭程序关闭电脑，切断电源，并将键盘、显示器上的油污擦拭干净。

 任务实施

视频 6-1-5：认识数控铣床的操作面板

1. 数控铣床操作面板

1）FANUC 系统操作面板的组成

FANUC 系统操作面板由 CRT 显示器、MDI 键盘和机床操作面板组成，如图 6-13 所示。

2）MDI 键盘介绍

MDI 键盘用于程序编辑、参数输入等功能，如图 6-14 所示。MDI 键盘上各个键的功能如表 6-4 所示。

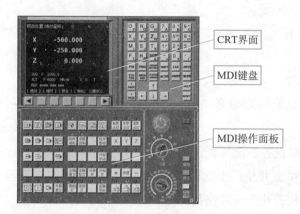

图 6-13　FANUC 系统操作面板

图 6-14　MDI 键盘

表 6-4　MDI 键盘功能键

序号	功能键	功用
1	POS	在 CRT 显示器中显示坐标值
2	PROG	CRT 显示器将进入程序编辑和显示界面
3	OFFSET SETTING	CRT 显示器将进入参数补偿显示界面
4	SYSTEM	系统参数页面
5	MESSAGE	信息页面
6	CUSTOMGRAPH	在自动运行状态下将数控显示切换至轨迹模式
7	SHIFT	输入字符切换键
8	CAN	删除输入区中的单个字符
9	INPUT	将数据域中的数据输入到指定的区域
10	ALTER	字符替换
11	INSERT	将输入域中的内容输入到指定区域
12	DELETE	删除一段字符
13	RESET	机床复位

3）数控铣床的操作面板

数控铣床操作面板的详细情况如图 6-15 所示。操作面板上的各键和按钮的功能如表 6-5 所示。

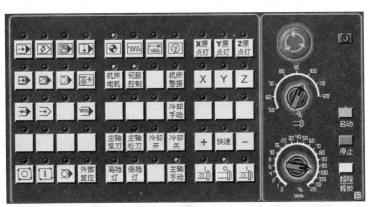

图 6-15　数控铣床的操作面板

表 6-5　数控铣床操作面板上键和按钮的功能

图　标	名　称	功　能
⬛	自动运行（AUTO）	此按钮被按下后，系统进入自动加工模式

图 标	名 称	功 能
	编辑（EDIT）	此按钮被按下后，系统进入程序编辑状态
	MDI 手动数据输入	此按钮被按下后，系统进入 MDI 模式，手动输入并执行指令
	远程执行（DNC）	此按钮被按下后，系统进入远程执行模式（即 DNC 模式），输入输出资料
	单节	此按钮被按下后，运行程序时每次执行一条数控指令
	单节忽略	此按钮被按下后，数控程序中的注释符号"/"有效。
	选择性停止	此按钮被按下后，"M01"代码有效
	机械锁定	锁定机床
	试运行（RUN）	空运行
	进给保持	程序运行暂停，按"循环启动"按钮恢复运行
	循环启动	系统处于"自动运行"或 MDI 位置时按下有效，程序运行开始
	回原点（REF）	机床处于回零模式；机床必须首先执行回零操作，然后才可以运行
	手动（JOG）	机床处于手动模式，连续移动工作台或者刀具
	手动脉冲	手动脉冲，增量进给，可用于步进或者微调
	手轮	手轮方式移动工作台或刀具
	循环停止	程序运行停止，在程序运行中，按此按钮停止程序运行
	"急停"按钮	按"急停"按钮，机床移动立即停止，所有的输出都会关闭
	"主轴控制"按钮	主轴正转、主轴停止、主轴反转
	进给倍率	调节运行时的进给速度倍率

2. 数控铣床的起动和停止

1）电源的接通

（1）检查机床的初始状态，以及控制柜的前、后门是否关好。

（2）接通数控铣床外部电源开关。

（3）启动数控铣床的电源开关，此时面板上的"电源"指示灯亮。

（4）确定电源接通后，将操作面板上的"急停"按钮右旋弹起，按操作面板上的"RESET（机床复位）"按钮，系统自检后 CRT 显示器上出现位置显示画面，"准备好"指示灯亮。

注意：在出现位置显示画面和报警画面之前，请不要接触 CRT/MDI 操作面板上的键，以防引起意外。

（5）确认风扇电动机转动正常后开机结束。

2）电源关断

（1）确认操作面板上的"循环启动"指示灯已经关闭。

（2）确认机床的运动全部停止，按操作面板上的"停止"按钮数秒，"准备好"指示灯灭，数控机床系统电源被切断。

（3）切断机床的电源开关。

3. 机床回参考点

控制机床运动的前提是建立机床坐标系，系统接通电源、超过行程报警解除、急停、复位后首先应进行机床各轴回参考点操作。方法如下：按操作面板上的"回原点（REF）"按钮，确保系统处于"回零"模式；根据 Z 轴机床参数"回参考点方向"，按一下"+Z"或"−Z"按键，Z 轴回到参考点后，回参考点指示灯亮；用同样的方法使用"+Y""−Y""+X""−X"按键，可以使 X 轴、Y 轴、Z 轴回参考点。所有轴回参考点后，即建立了机床坐标系。

注意：

（1）回参考点时应确保安全，在机床运行方向上不会发生碰撞，一般选择 Z 轴先回参考点，将刀具抬起。

（2）在每次电源接通后，必须先完成各轴的返回参考点操作，然后再进入其他运行方式，以确保各轴坐标的正确性。

（3）在回参考点过程中，若出现超程，请按住操作面板上的"超程解除"按钮，向相反方向手动移动该轴使其退出超程状态。

4. 手动操作

1）手动点动/连续进给操作

选择"手动"模式，按"手动轴选择"中的 Z、X 或 Y 中的一个按钮。然后按下"+"或"−"键，注意工作台 Z 轴的升降。注意正、负方向，调节"进给倍率"按钮，以免碰撞。按"快速"键，观察 Z 轴的升降速度。

2）手动快速进给操作

选择"手动"模式，按"手动轴选择"中的 Z、X 或 Y 中的一个按钮。然后按下"+"或"−"按钮，注意工作台 Z 轴的升降，以免碰撞。按"快速"按钮，Z、X 或 Y 轴做快速移动。

3）手轮方式

选择手轮模式，选择手动进给轴 X、Y 或 Z，由手轮轴倍率旋钮调节脉冲当量，旋转手轮，可实现手轮连续进给移动。注意旋转方向，以免碰撞。

4）机床锁住与 Z 轴锁住

机床锁住与 Z 轴锁住由机床控制面板上的机床锁住与 Z 轴锁住按钮完成。

①机床锁住。在手动运行方式下，按"机床锁住"按钮，系统继续执行，显示屏上的坐标轴位置信息变化，但不输出伺服轴的移动指令，所以机床停止不动。

②Z 轴锁住。在手动运行开始前，按"Z 轴锁住"按钮，再手动移动 Z 轴，Z 轴坐标位置信息变化，但 Z 轴不运动，禁止进刀。

5. MDI 操作

在 MDI 方式中，通过 MDI 面板，可以编制程序并执行，程序的格式和普通程序一样。MDI 运行适用于简单的测试操作，如检验工件坐标位置、主轴旋转等一些简短的程序。MDI 方式中编制的程序不能被保存，运行完 MDI 上的程序后，该程序会消失。使用 MDI 键盘输入程序并执行的操作步骤如下：

（1）将机床的工作方式设置为 MDI 方式。

（2）按 MDI 键盘上的"PROG"键，进入编辑页面，在此方式下，可进行 MDI 方式单程序段运行操作。输写数据指令：在输入键盘上按数字/字母键，可以做取消、插入、删除等修改操作。按数字/字母键键入字母"O"，再输入程序编号，但不可以与已有程序编号重复。

（3）输入程序后，按下 EOB键结束一行的输入后换行。按 ↑PAGE 、 ↓PAGE 键翻页。按方位键"↑""↓""←""→"移动光标。按"DELETE"键，删除一段字符；按"CAN"键，删除输入区的单个字符。按"INSERT"键，将输入域中的内容输入到指定区域。输入完整数据指令后，按"循环启动"按钮 □运行程序。用"复位（RESET）"键进行机床复位。

6. 程序编程与管理

1）显示数控程序目录

经过导入数控程序操作后，按操作面板上的"编辑"按钮 ，编辑状态指示灯变亮 ，此时已进入编辑状态。按 MDI 键盘上的"PROG"键，CRT 界面转入编辑页面。按软键"LIB"，经过 DNC 传送的数控程序名显示在 CRT 界面上，如图 6-16 所示。

（1）选择一个数控程序。

经过导入数控程序操作后，按 MDI 键盘上的"PROG"键，CRT 界面转入编辑页面。利用 MDI 键盘输入"O××××"（×为数控程序目录中显示的程序号），按□键开始搜索，搜索到后"O××××"显示在屏幕首行程序编号位置，NC 程序显示在屏幕上。

（2）删除一个数控程序。

按操作面板上的"编辑"按钮 ，编辑状态指

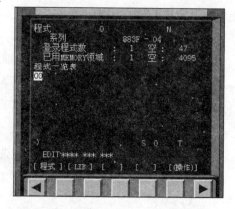

图 6-16 显示程序名

示灯变亮 ，此时已进入编辑状态。利用 MDI 键盘输入"O××××"（×为要删除的数控程序在目录中显示的程序号），按"DELETE"键，程序即被删除。

（3）新建一个 NC 程序。

按操作面板上的"编辑"按钮 ，编辑状态指示灯变亮 ，此时已进入编辑状态。按 MDI 键盘上的"PROG"键，CRT 界面转入编辑页面。利用 MDI 键盘输入"O××××"（×为程序编号，但不可以与已有程序编号重复），按"INSERT"键，CRT 界面上显示一个空程序，可以通过 MDI 键盘开始程序输入。输入一段代码后，按"INSERT"键，输入域中的内容显示在 CRT 界面上，用"回车换行"键 结束一行的输入后换行。

（4）删除全部数控程序。

按操作面板上的"编辑"按钮 ，编辑状态指示灯变亮 ，此时已进入编辑状态。按 MDI 键盘上的"PROG"键，CRT 界面转入编辑页面。利用 MDI 键盘输入"O－9999"，按"DELETE"键，全部数控程序即被删除。

2）数控程序的编辑

按操作面板上的"编辑"按钮 ，编辑状态指示灯 变亮，此时已进入编辑状态。按 MDI 键盘上的"PROG"键，CRT 界面转入编辑页面。选定了一个数控程序后，此程序显示在 CRT 界面上，可对数控程序进行编辑操作。

（1）移动光标。按翻页键 和 翻页，按方位键"↑""↓""←"和"→"移动光标。

（2）插入字符。先将光标移到所需位置，按 MDI 键盘上的数字/字母键，将代码输入到输入域中，按"INSERT"键，把输入域的内容插入到光标所在代码右侧。

（3）删除输入域中的数据。按"CAN"键删除输入域中的数据。

（4）删除字符。先将光标移到所需删除字符的位置，按"DELETE"键，删除光标所在的代码。

（5）查找。输入需要搜索的字母或代码，按方位键"↓"开始在当前数控程序中光标所在位置右侧搜索（代码可以是一个字母或一个完整的代码，如"N0010""M03"等）。若此数控程序中有所搜索的代码，则光标停留在找到的代码处；若此数控程序中光标所在位置右侧没有所搜索的代码，则光标停留在原处。

（6）替换。先将光标移到所需替换字符的位置，将替换成的字符通过 MDI 键盘输入到输入域中，按"ALTER"键，把输入域的内容替代光标所在的代码。

3）保存程序

编辑好的程序需要进行保存操作，操作方式如下：

按操作面板上的"编辑"按钮 ，编辑状态指示灯 变亮，此时已进入编辑状态。按软键"操作"，在弹出的"另存为"对话框中输入文件名，选择文件类型和保存路径，单击"保存"按钮，如图 6－17 所示。

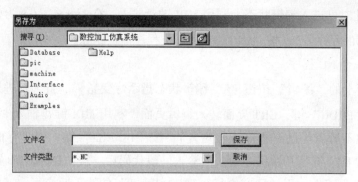

图 6 - 17　保存程序

7. 数控铣床的对刀

零件加工前进行编程时，必须要确定一个工件坐标系；而在数控铣床加工零件时，必须确定工件坐标系原点的机床坐标值，然后输入到机床坐标系设定页面相应的位置（G54 ~ G59）之中；要确定工件坐标系原点在机床坐标系之中的坐标值，必须通过对刀才能实现。常用的对刀方法有用铣刀直接对刀的操作、寻边器对刀；寻边器的种类较多，有光电式、偏心式等。

视频 6 - 1 - 6：
数铣工件坐标系
的建立及对刀

具体步骤如下：

（1）装夹工件，装上刀具组或寻边器。

（2）用手摇脉冲发生器方式分别进行坐标轴 X、Y、Z 轴的移动操作。

在 "AXIS SELECT" 旋钮中分别选取 X、Y、Z 轴，然后刀具逐渐靠近工件表面，直至接触。

（3）进行必要的数值处理计算。

（4）将工件坐标系原点在机床坐标系的坐标值设定到 G54 ~ G59、G54. 1 ~ G54. 48 存储地址的任一工件坐标系中。

（5）对刀正确性的验证。如在 MDI 方式下运行 "G54 G01 X0 Y0 Z10 F1000"。

寻边器对刀方法的具体步骤如表 6 - 6 所示。

表 6 - 6　偏心式寻边器对刀的方法及步骤

步骤	内　　容	图　　例
1	将偏心式寻边器用刀柄装到主轴上	
2	用 MDI 方式起动主轴，一般用 300 r/min	

续表

步骤	内　　容	图　　例
3	在手轮方式下起动主轴正转，在 X 方向手动控制机床的坐标移动，使偏心式寻边器接近工件被测表面并缓慢与其接触	
4	进一步仔细调整位置，直到偏心式寻边器上下两部分同轴	
5	计算此时的坐标值［被测表面的 X、Y 值为当前的主轴坐标值加（或减）圆柱的半径］	
6	计算要设定的工件坐标系原点在机床坐标系的坐标值并输入到任一 G54～G59、G54.1～G54.48 存储地址中。也可以保持当前刀具位置不动，输入刀具在工件坐标系中的坐标值；如输入"X30"，再按面板上的"测量"键，系统会自动计算坐标并弹到所选的 G54～G59、G54.1～G54.48 存储地址中	
7	其他被测表面和 X 轴的操作相同	
8	对刀正确性的验证。如在 MDI 方式下运行"G54 G01 X0 Y0 Z10 F1000；"	

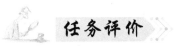 任务评价

工件质量评价表包括安全文明生产评分表、能力评价表和教师与学生评价表，如表6－7所示，教师与学生评价表参见附表。

表6－7　评分表

考核总成绩表			
序号	项目名称	配分	得分	备注
1	安全文明生产	50		
2	能力评价表	30		
3	教师与学生评价表	20		

安全文明生产评分表（50分）					
序号	项目	考核内容	配分	现场表现	得分
1	安全文明生产	正确使用机床	20	出事故未进行有效措施此项不得分； 出事故停止操作酌情扣 1～5 分	
2		工作场所 "6S"	15	不合格不得分	
3		设备维护保养	15	不合格不得分	
总分					
能力评价表（30分）					
序号	等级	评价情况		配分	得分
1	优秀	能高质量、高效率地完成机床的基本操作		27～30	
2	良好	能在无教师指导下完成机床的基本操作		24～27	
3	中等	能在教师的偶尔指导下完成机床的基本操作		18～24	
4	合格	能在教师的指导下完成机床的基本操作		0～18	
总分					

学习情境

在盘类、箱体类零件的数控铣削加工中，图形、外轮廓、内轮廓及内腔槽是主要的加工要素。其中，平面图形的加工比较简单，刀具切削深度比较小，通常可以一次性加工至所要求的图形，这样的加工根据图形的不同一般使用 G01、G02、G03 指令即可实现。由于立铣刀或球头铣刀都有一定的直径，因此在平面外轮廓的加工中需要加入刀补指令，如何建立和取消刀补也是数控铣削编程中的一个重点问题。如若不当，可能会出现干涉或过切现象，影响加工安全和工件质量。

【知识目标】

◇ 掌握数控铣床加工程序的基本书写格式；

◇ 掌握 G01、G02、G03 指令的应用；

◇ 掌握刀补指令 G40、G41、G42 的编程和应用；

◇ 掌握利用半径补偿进行粗精加工，并掌握控制轮廓尺寸精度的方法。

【能力目标】

◇ 能根据所加工的零件正确选择加工设备、确定装夹方案、选择刀具量具、确定工艺路线、编制工艺卡和刀具卡；

◇ 学会平面图形类零件的编程和加工方法；

◇ 学会分析平面外轮廓零件的加工工艺；

◇ 能正确保证零件的尺寸公差、几何公差等要求。

【思政目标】

◇ 小组学习的过程中，具备发现问题解决问题的能力；具有团队协作，提炼总结，科学合理制定、实施工作计划的能力；

◇ 上机床操作具备良好的心理素质和克服困难的能力；

◇ 成果展示阶段，具有进行自我批评和自我检查的能力。

榜样故事7
《大国工匠·匠心报国》
龙建军：打造"猎鹰"
教练机的攻关能手

任务一　平面图形的数控铣削编程与加工

 任务描述

如图7-1所示，分析该零件的加工工艺，编制加工程序并在数控铣床上加工。

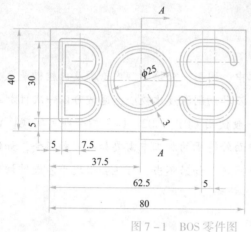

图7-1　BOS零件图

 任务分析

1. 技术要求分析

该零件图有哪些技术要求？

2. 加工方案

1）装夹方案

加工该零件应采用何种装夹方案？以什么位置为定位基准？

2）位置点选择

（1）工件零点设置在什么位置最好？

（2）下刀点应设置在什么位置？说出理由。

3. 确定工艺路线

铣削该零件的走刀路线应怎样安排？

 相关知识

（一）数控铣削加工工艺

1. 数控铣削夹具

数控铣床上常用的通用夹具有：螺钉压板、平口钳、分度头和三爪自

视频7-1-1：
数控铣床夹具

定心卡盘等。

（1）螺钉压板。利用 T 形槽螺栓和压板将工件固定在机床工作台上即可。装夹工件时，需根据工件装夹精度要求，用百分表等找正工件。

（2）机械式平口钳（又称虎钳）。形状比较规则的零件铣削时常用平口钳装夹，方便灵活，适应性广。当加工一般精度要求和夹紧力要求的零件时常用机械式平口钳，如图 7-2 所示，靠丝杠/螺母相对运动来夹紧工件；当加工精度要求较高，需要较大的夹紧力时，可采用较高精度的液压式平口钳。

平口钳在数控铣床工作台上的安装要根据加工精度要求控制钳口与 X 轴或 Y 轴的平等度，零件夹紧时要注意控制工件变形和一端钳口上翘。

（3）铣床用卡盘。当需要在数控铣床上加工回转体零件时，可以采用三爪自定心卡盘装夹（图 7-3），对于非回转零件可采用四爪单动卡盘装夹。

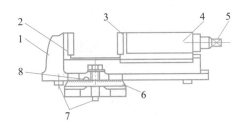

图 7-2　机械式平口钳

1—钳体；2—固定钳口；3—活动钳口；4—活动钳身；

5—丝杠方头；6—底座；7—定位键；8—钳体零线

图 7-3　铣床用卡盘

铣床用卡盘的使用方法与车床卡盘相似，使用 T 形槽螺栓将卡盘固定在机床工作台上即可。

2. 数控铣床刀具

数控铣床上常用的刀具有面铣刀、立铣刀、模具铣刀、键槽铣刀、鼓形铣刀、成形铣刀等。

视频 7-1-2：
数控铣床刀具

1）面铣刀及其特点

如图 7-4 所示，面铣刀的圆周表面和端面上都有切削刃，端部切削刃为主切削刃，主要用来铣削大平面，以提高加工效率。

面铣刀按刀片和刀齿的安装方式不同，可分为整体焊接式、机夹焊接式和可转位式 3 种。加工平面时面铣刀直径可按 $D = 1.5d$（D 为面铣刀直径，d 为主轴直径）选取，一般来说，面铣刀的直径应比切宽大 20% ~ 50%。

图 7-4　常用面铣刀

2）立铣刀及其特点

如图7-5所示，立铣刀的特点如下：

（1）端面中心处无切削刃，不能进行轴向进给。

（2）主要用来加工凹槽、台阶面及成形表面等。

（3）侧面的螺旋齿起主要的切削作用。

3）键槽铣刀及其特点

如图7-6所示，键槽铣刀的特点如下：

（1）外形类似立铣刀，圆柱面和端面有切削刃，端面切削刃延伸至中心。

图7-5　立铣刀

（2）用于加工封闭键槽图形。

（3）键槽铣刀为两刃，主要是端面刃参与切削，能直接垂直下刀。

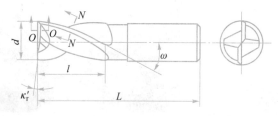

图7-6　键槽铣刀

4）键槽铣刀与立铣刀的安装

如图7-7所示，安装立铣刀时，要选择合适的卡簧，将直柄铣刀装入卡簧，然后将卡簧安装到弹簧夹头中，再将夹头装入刀柄，将刀柄装入卸刀座并夹紧，然后清洁主轴锥孔，将刀柄装入主轴。

安装立铣刀

图7-7　安装立铣刀

5）使用对刀仪对刀

（1）装夹工件并找正。

（2）安装机械式寻边器。

（3）对刀，设定工件坐标系G54。

（4）在 MDI 方式下，输入"S300 M03"，按下"循环启动"按钮开启主轴。

（5）X 方向对刀方法如下：

如图 7-8（a）所示，快速移动各轴，使寻边器靠近工件的左侧，逐渐缩小进给倍率，使寻边器与工件接触，当工件与寻边器位置关系合适时，使当前 $X1$ 点的相对坐标值清零。这时抬升 Z 轴，Y 轴保持不动，快速移动 X、Z 轴，使寻边器到达工件的右侧，逐渐缩小进给倍率，使寻边器与工件接触，当工件与寻边器位置关系合适时，记录当前 $X2$ 点的相对坐标值。这时将 $X2$ 除以 2，抬升 Z 轴，将寻边器移动到 $X1$ 与 $X2$ 的中间值处，把 X 的机床坐标值输入到 G54 坐标系的 X 位置，这时 X 轴对刀完成。

（6）Y 方向对刀方法如下：

如图 7-8（b）所示，X 轴保持不动，快速移动 Y、Z 轴，使寻边器到达工件的前侧，逐渐缩小进给倍率，使寻边器与工件接触，当工件与寻边器位置关系合适时，将当前 $Y1$ 点的相对坐标值清零。抬升 Z 轴，移动寻边器到工件的后侧，记录 $Y2$ 点的相对坐标，这时将 $Y2$ 除以 2，抬升 Z 轴，将寻边器移动到 $Y1$ 与 $Y2$ 的中间值处，把 Y 的机床坐标值输入到 G54 坐标系的 Y 位置，这时 Y 轴对刀完成。

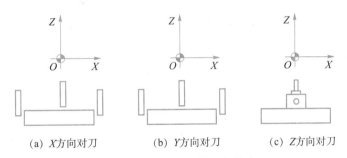

(a) X 方向对刀　　　(b) Y 方向对刀　　　(c) Z 方向对刀

图 7-8　寻边器和 Z 轴设定器对刀

（7）Z 方向对刀方法如下：

如图 7-8 所示，对 Z 轴时，换上当前刀具使用塞尺，以工件顶面为零点对 Z 轴。这时快速地移动各轴，使刀具底面到达工件正上方，逐渐缩小倍率，使其慢慢接近工件，当快要接近工件的时候，用塞尺来测量刀具底面与工件顶面的位置关系，当塞尺感觉为似夹紧非夹紧时，关系为合适，这里的塞尺厚度先不考虑。这时，在 G54 坐标系中 Z 值的位置输入 $Z0$ 按测量键，系统将自动把当前的机械坐标系的值输入到 G54 坐标系 Z 值的位置，到这里对刀操作就完成了。

3. 切削用量的选择

1）背吃刀量 a_p 或侧吃刀量 a_e

背吃刀量 a_p 为平行于铣刀轴线测量的切削层尺寸，单位为 mm。端铣时，a_p 为切削层深度；而圆周铣削时，为被加工表面的宽度。侧吃刀量 a_e 为垂直于铣刀轴线测量的切削层尺寸，单位为 mm。端铣时，a_e 为被加工表面宽度；而圆周铣削时，a_e 为切削层深度，如图 7-9 所示。

视频 7-1-3：
数控铣削用量

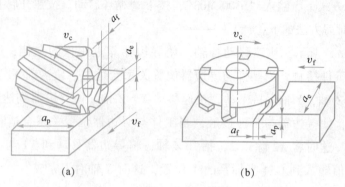

图 7 - 9 铣削加工的切削用量

背吃刀量或侧吃刀量的选取主要由加工余量和对表面质量的要求决定。

（1）当工件表面粗糙度值要求为 $Ra12.5 \sim 25$ μm 时，如果圆周铣削加工余量小于 5 mm，端面铣削加工余量小于 6 mm，粗铣一次进给就可以达到要求。但是在余量较大，工艺系统刚性较差或机床动力不足时，可分为两次进给完成。

（2）当工件表面粗糙度值要求为 $Ra3.2 \sim 12.5$ μm 时，应分为粗铣和半精铣两步进行。粗铣时背吃刀量或侧吃刀量选取同前。粗铣后留 0.5～1.0 mm 余量，在半精铣时切除。

（3）当工件表面粗糙度值要求为 $Ra0.8 \sim 3.2$ μm 时，应分为粗铣、半精铣、精铣三步进行。半精铣时背吃刀量或侧吃刀量取 1.5～2 mm；精铣时，圆周铣侧吃刀量取 0.3～0.5 mm，面铣刀背吃刀量取 0.5～1 mm。

2）进给量 f 与进给速度 v_f 的选择

切削进给速度 v_f 是切削时单位时间内工件与铣刀沿进给方向的相对位移，单位为 mm/min。它与铣刀转速 n、铣刀齿数 z 及每齿进给量 f_z（单位为 mm/z）的关系为

$$v_f = f_z \cdot z \cdot n$$

每齿进给量 f_z 的选取主要取决于工件材料的力学性能、刀具材料、工件表面粗糙度等因素。工件材料的强度和硬度越高，f_z 越小；反之则越大。硬质合金铣刀的每齿进给量高于同类高速钢铣刀。工件表面粗糙度值越小，f_z 就越小。工件刚性差或刀具强度低时，应取小值。转速 n 则与切削速度和机床的性能有关。所以，切削进给速度应根据所采用机床的性能、刀具材料和尺寸、被加工零件材料的切削加工性能和加工余量的大小来综合确定。一般原则是：工件表面的加工余量大，切削进给速度低；反之相反。切削进给速度可由机床操作者根据被加工零件表面的具体情况进行手动调整，以获得最佳切削状态。

3）切削速度 v_c

铣削的切削速度 v_c 与刀具的耐用度、每齿进给量、背吃刀量、侧吃刀量以及铣刀齿数成反比，而与铣刀直径成正比。其原因是当 f_z、a_p、a_e 和 z 增大时，刀刃负荷增加，而且同时工作的齿数也增多，使切削热增加，刀具磨损加快，从而限制了切削速度的提高。为提高刀具耐用度允许使用较低的切削速度。但是加大铣刀直径则可改善散热条件，可以提高切削速度。

154

4. 平面铣削加工工艺

如图 7 – 10 所示，平面铣削的加工方法主要有周铣和端铣两种。

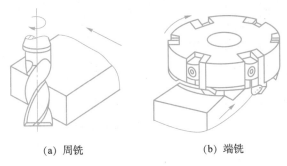

(a) 周铣　　　　　　　　　(b) 端铣

图 7 – 10　平面铣削方法

1）端面铣削方式

在数控铣床上加工平面主要采用面铣刀和立铣刀。零件表面质量要求较高时，应尽量采用顺铣切削方式。端面铣削时根据铣刀相对于工件安装位置不同可分为对称铣削和不对称铣削两种，如图 7 – 11 所示。

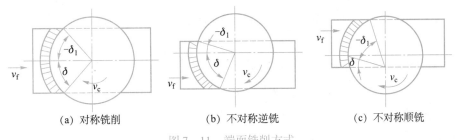

(a) 对称铣削　　　　　　(b) 不对称逆铣　　　　　　(c) 不对称顺铣

图 7 – 11　端面铣削方式

端面对称铣削：面铣刀轴线位于铣削弧长的中心位置；铣刀切入点与铣刀轴线位置为切入部分（切入角为 δ）；切削厚度由小变大，相当于逆铣；铣刀轴线与铣刀切出点为切出部分（切出角为 $-\delta_1$），切削厚度由大变小，相当于顺铣。

端面不对称铣削：端面不对称铣削又分为不对称顺铣和不对称逆铣两种：当切入部分多于切出部分（或切入角 δ 大于切出角 $-\delta_1$）为不对称逆铣，如图 7 – 11（b）所示；当切出部分多于切入部分（或切入角 δ 小于切出角 $-\delta_1$）为不对称顺铣，如图7 – 11（c）所示。其中不对称逆铣对刀具损坏影响最大，不对称顺铣对刀具损坏影响最小。

2）平面铣削工艺路径

单向平行切削路径：刀具以单一的顺铣或逆铣方式切削平面，如图 7 – 12（a）所示。

往复平行切削路径：刀具以顺铣或逆铣方式切削平面，如图 7 – 12（b）所示。

环切切削路径：刀具以环状走刀方式铣削平面，可以从里向外或从外向里的方式，如图 7 – 12（c）所示。

通常粗铣平面采用往复平行铣削，切削效果好，空刀时间少。精铣平面采用单向平行切削路径，表面质量易于保证。

(a) 单向平行切削路径　(b) 往复平行切削路径　(c) 环切切削路径

图 7 – 12　平面铣削工艺路径

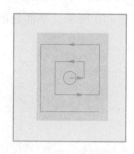

视频 7 – 1 – 4：
铣削加工准备指令

（二）编程指令

不同机床的编程功能指令基本相同，但也有个别指令有所不同，下面主要以 FANUC – 0i 系统介绍数控铣床的基本编程指令。

1. 绝对（相对）值编程（G90/G91）

G90 为绝对值编程，每个轴上的编程值是相对于程序原点的。

G91 为相对值编程，每个轴上的编程值是相对于前一位置而言的，该值等于沿轴移动的距离。

G90、G91 均为模态功能指令，G90 为默认值。

例如，图 7 – 13 为一点坐标图，使用 G90、G91 编程，控制刀具由 1 点移动到 2 点。

绝对值编程：G90 X40 Y50；

增量值编程：G91 X20 Y30；

2. 工件坐标系选择指令（G54 ~ G59）

格式：

$$\begin{Bmatrix} G54 \\ G55 \\ G56 \\ G57 \\ G58 \\ G59 \end{Bmatrix} G90 \quad G00(G01)X\_\_Y\_\_Z\_\_(F\_\_);$$

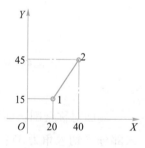

图 7 – 13　点坐标图

G54 ~ G59 说明：

（1）G54 ~ G59 是系统预置的 6 个坐标系，可根据需要选用。

（2）G54 ~ G59 建立的工件坐标原点是相对于机床原点而言的，在程序运行前已设定好，在程序运行中是无法重置的。

（3）G54 ~ G59 预置建立的工件坐标原点在机床坐标系中的坐标值可用 MDI 方式输入，

系统自动记忆。

（4）使用该组指令前，必须先回参考点。

（5）G54 ~ G59 为模态指令，可相互注销。

3. 加工平面选择指令（G17/G18/G19）

右手笛卡儿直角坐标系的 3 个互相垂直的轴 X、Y 和 Z 分别构成三个平面，在数控铣削加工中，通常需要指定机床在哪个平面内进行插补运动。G17、G18、G19 指令可以选择要加工的平面。各坐标平面如图 7 - 14 所示。一般地，数控车床默认在 ZX 平面内加工，数控铣床默认在 XY 平面内加工。在立式数控铣床中，G17 为开机模态有效指令，可省略不写。

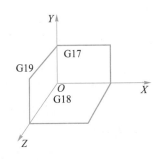

图 7 - 14　坐标平面选择

指令格式：G17（表示选择 XY 平面，Z 轴为第三坐标轴）；

G18（表示选择 ZX 平面，Y 轴为第三坐标轴）；

G19（表示选择 YZ 平面，X 轴为第三坐标轴）。

说明：

（1）该组指令用于选择进行圆弧插补和刀具半径补偿时的平面。

（2）该组指令在 G00 和 G01 指令中无效。

（3）G17、G18、G19 为模态功能，可相互注销，G17 为默认值。

4. 米、英制尺寸设定指令（G20/G21）

尺寸单位设定指令有 G20、G21。其中 G20 表示英制尺寸，G21 表示公制尺寸。G21 为默认值。公制与英制单位的换算关系为：1 mm ≈ 0.394in，1in ≈ 25.4 mm。

5. 进给速度单位的设定（G94/G95）

格式：G94 F ＿或 G95 F ＿

G94 为每分钟进给；G95 为每转进给。G94、G95 为模态功能，可相互注销，G94 为默认值。

6. 圆弧插补指令（G02/G03）

圆弧插补指令是使刀具在指定平面内按指定的进给速度 F 做圆弧运动并铣削出圆弧形状的指令。根据铣削方向的不同，分为顺时针圆弧插补指令和逆时针圆弧插补指令。

视频 7 - 1 - 5：铣削加工 G02/G03 指令

（1）指令格式：

终点坐标 + 圆弧半径：G02/G03 X ＿ Y ＿ R ＿ F ＿；

终点坐标 + 圆心坐标：G02/G03 X ＿ Y ＿ I ＿ J ＿ F ＿；

其中：X ＿ Y ＿——圆弧终点坐标；

R——圆弧半径值；

I，J——矢量值，表示圆弧圆心相对于圆弧起点的增量值；

F——合成进给速度；

XY平面圆弧如图7-15所示。

注意：

① "终点坐标+圆弧半径"格式中，当圆弧圆心角小于180°时，半径为正；当圆弧圆心角大于180°时，半径为负。

② "终点坐标+圆弧半径"格式不能编制整圆加工零件。

③ "终点坐标+圆心坐标"格式中，I、J表示圆弧圆心相对于圆弧起点的增量值。

（2）圆弧顺逆方向的判别。

沿着不在圆弧平面内的坐标轴，由正方向向负方向看，顺时针方向为G02，逆时针方向为G03，如图7-16所示。

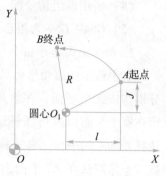

图7-15 XY平面圆弧

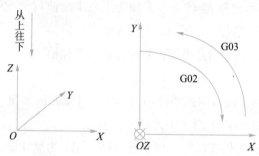

图7-16 XY平面内 G02 和 G03 的确定

练一练

【例7-1】 如图7-17所示菱形图形零件，毛坯材料为铝合金，六面已经加工过，尺寸为 100 mm×100 mm×20 mm，编写菱形图形加工程序。

视频 7-1-6：铣削
加工 G00/G01 指令

本例中零件的走刀路线示意图如图7-18所示，根据此走刀路线所编制的菱形沟槽零件的数控铣削参考程序如表7-1所示。

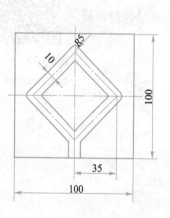

图7-17 菱形沟槽零件

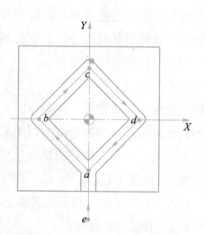

图7-18 走刀路线示意图

表 7-1 铣削参考程序

程　序	说　明
O0001;	程序名
G54 G90 G40;	调用工件坐标系, 绝对坐标编程
M03 S1000;	开启主轴
G00 Z100;	将刀具快速定位到初始平面
X0 Y-60;	将刀具快速定位到下刀点
Z5;	快速定位到 R 平面
G01 Z-2 F150;	退刀进刀至 e 点
Y-35;	铣削工件到 a 点
X-35 Y0;	铣削工件到 b 点
X0 Y35;	铣削工件到 c 点
X35 Y0;	铣削工件到 d 点
X0 Y-35;	铣削工件到 e 点
Y-60;	铣削工件到下刀点
G00 Z100;	快速返回到初始平面
X0 Y0;	返回工件原点
M05;	主轴停止
M30;	程序结束

 任务实施

视频 7-1-7：平面
图形的加工案例

1. 图样分析

如图 7-1 所示, 该 BOS 零件图形要素包括直线和圆弧, 圆弧有 R7.5 mm 和 R15 mm 两种, 其中 R15 mm 的是整圆。三个字母图形不是相互连接的, 故在加工完一个字母时需要设置抬刀工艺, 加工另外一个字母需要重新设置下刀点。图形沟槽深度为 1 mm, 没有公差要求, 故加工时不分粗精加工。

2. 加工方案

1) 装夹方案

先把平口钳装夹在铣床工作台上, 用百分表校正平口钳, 使钳口与铣床 X 方向平行。工件装夹在平口钳上, 下面用垫铁支撑, 使工件放平并伸出钳口 5~10 mm, 夹紧工件。

2) 工件坐标系建立

根据工件坐标系的建立原则, X 轴、Y 轴零点取在零件的设计基准或工艺基准上, Z 轴零点取在零件上表面对称中心处, 故工件坐标系设置在 O 点, 如图 7-19 所示。

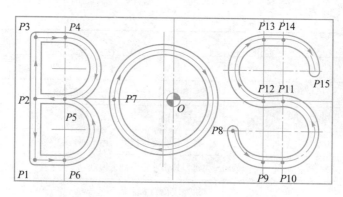

图 7 - 19　BOS 零件走刀路线图

3）基点坐标计算

基点坐标计算结果如表 7 - 2 所示。

3. 工艺路线确定

本零件加工参考路线图如图 7 - 19 所示。

加工 B 字母：刀具移动到 $P2$ 点上方→下刀→直线加工至 $P3$ 点→直线加工至 $P4$ 点→顺时针圆弧加工至 $P5$ 点→直线加工至 $P2$ 点→直线加工至 $P1$ 点→直线加工至 $P6$ 点→逆时针圆弧加工至 $P5$ 点→抬刀；

加工 O 字母：刀具空间移至 $P7$ 点上方→下刀→圆弧加工至 $P7$ 点→抬刀；

表 7 - 2　基点坐标

基点	坐标（X，Y）	基点	坐标（X，Y）
$P1$	（-35，-15）	$P9$	（22.5，-15）
$P2$	（-35，0）	$P10$	（27.5，-15）
$P3$	（-35，15）	$P11$	（27.5，0）
$P4$	（-27.5，15）	$P12$	（22.5，0）
$P5$	（-27.5，0）	$P13$	（22.5，15）
$P6$	（-27.5，-15）	$P14$	（27.5，15）
$P7$	（-15，0）	$P15$	（35，7.5）
$P8$	（15，-7.5）		

加工 S 字母：刀具空间移至 $P8$ 点上方→下刀→逆时针圆弧加工至 $P9$ 点→直线加工至 $P10$ 点→逆时针圆弧加工至 $P11$ 点→直线加工至 $P12$ 点→顺时针圆弧加工至 $P13$ 点→直线加工至 $P14$ 点→顺时针圆弧加工至 $P15$ 点→抬刀结束。

4. 制定工艺卡片

刀具的选择见表 7 - 3 刀具卡。

表7-3 刀具卡

产品名称或代号			零件名称		零件图号		
序号	刀具号	刀具名称及规格	数量	加工表面	刀尖半径/mm		备注
1	T01	$\phi3$ mm 键槽铣刀	1	铣图形、沟槽			

切削用量的选择见表7-4工序卡。

表7-4 工序卡

数控加工工序卡		产品名称			零件名		零件图号
					BOS 零件		数铣-01
工序号	程序编号	夹具名称		夹具编号	使用设备		车间
		切削用量			刀具		备注
工步号	工步内容	主轴转速 $n/(\mathrm{r}\cdot\min^{-1})$	进给速度 $f/(\mathrm{mm}\cdot\min^{-1})$	背吃刀量 a_p/mm	编号	名称	
1	铣图形	1 200	150	1	T01	键槽铣刀	自动

5. 编制程序

BOS 零件加工参考程序如表7-5所示。

表7-5 BOS 零件参考程序

程　序	说　明
O0001;	程序名
G54 G17 G90 G40;	调用工件坐标系，绝对坐标编程
M03 S1200 T01;	开启主轴，刀具号 T01
G00 Z100;	将刀具快速定位到初始平面
X-35 Y0;	将刀具快速定位到下刀点
Z5;	快速定位到 R 平面
G01 Z-1 F150;	以 G01 速度下刀至 P2 点，深 1 mm
Y15;	从 P2 点直线加工至 P3 点
X-27.5;	从 P3 点直线加工至 P4 点
G02 X-27.5 Y0 R7.5;	顺时针圆弧加工至 P5 点
G01 X-35;	直线加工至 P2 点
Y-15;	直线加工至 P1 点

程　序	说　明
X-27.5；	直线加工至 P6 点
G03 X-27.5 Y0 R7.5；	逆时针圆弧加工至 P5 点
G00 Z5；	字母"B"加工完毕后抬刀
X-15 Y0；	刀具空间快速移动至 P7 点上方
G01 Z-1 F150；	以 G01 速度下刀至 P2 点，深 1 mm
G02 I12.5 J0；	用圆弧终点坐标＋圆心坐标方式加工"O"
G00 Z5；	加工完毕后抬刀
X15 Y-7.5；	刀具空间快速移动至 P8 点上方
G01 Z-1 F150；	以 G01 速度下刀至 P2 点，深 1 mm
G03 X22.5 Y-15 R7.5；	逆时针圆弧加工至 P9 点
G01 X27.5 Y-15；	直线加工至 P10 点
G03 X27.5 Y0 R7.5；	逆时针圆弧加工至 P11 点
G01 X22.5；	直线加工至 P12 点
G02 X22.5 Y15 R7.5；	顺时针圆弧加工至 P13 点
G01 X27.5；	直线加工至 P14 点
G02 X35 Y7.5 R7.5；	顺时针圆弧加工至 P15 点
G00 Z100；	加工后快速抬刀
X0 Y0；	快移至工件零点上方
M05；	主轴停止
M30；	程序结束

6. 零件加工

按表 7-5 所示程序加工零件。

7. 加工操作注意事项

（1）加工时垂直进给，刀具只能选用二齿键槽铣刀，不能使用立铣刀加工。

（2）刀具、工件应按要求夹紧。

（3）对刀操作应准确熟练，时刻注意手动移动方向及调整进给倍率的大小，避免因移动方向错误和进给倍率过大而发生撞刀现象。

（4）加工前应仔细检查程序，尤其是检查垂直下刀是否用 G00 指令（一个轮廓加工完毕设置抬刀以避免撞刀现象的关键程序）。

（5）铣刀直径较小，垂直下刀应调小进给倍率。

（6）加工时应关好防护门。

（7）首次切削禁止采用自动方式加工，以避免意外事故发生。

（8）如有意外事故发生，按复位键或紧急停止按钮。

 任务评价

教师与学生评价表参见附表，包括程序与工艺评分表、安全文明生产评分表、工件质量评分表和教师与学生评价表。表7-6所示为本工件的质量评分表。

表7-6　工件质量评分表

工件质量评分表（40分）					
序号	考核项目	考核内容及要求	配分	评分标准	检测结果	得分
1	图形	字母"B"图形加工完整	10	不完整不得分		
		字母"O"图形加工完整	10	不完整不得分		
		字母"S"图形加工完整	10	不完整不得分		
2	沟槽深度	1 mm	10	超差不得分		
总分						

任务二　平面外轮廓的数控铣削编程与加工

 任务描述

如图7-20所示平面外轮廓零件的零件图，毛坯为80 mm×80 mm×20 mm的方形毛坯，材料为45钢。分析零件的加工工艺，编制外轮廓凸台的加工程序，并在数控机床上加工。

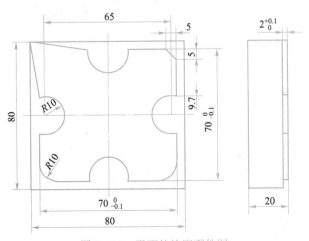

二维码　立体图视频

图7-20　平面外轮廓零件图

任务分析

1. 技术要求分析

如图 7-20 所示工件为一平面凸台轮廓，该零件有哪些技术要求？

2. 编制加工程序

依据上个任务，能否编写该平面轮廓零件的加工程序？

3. 加工方案

1）装夹方案

加工该零件应该如何进行装夹？

2）位置点选择

工件坐标系零点设置在什么位置最好？

4. 确定工艺路线

该零件的加工工艺路线应怎样安排？

 相关知识

在前面的任务中，我们学会了利用数控铣削加工中的基本编程指令进行图形加工。编程的基本原则是：刀位点轨迹与编程轨迹是重合的。但是对于如图 7-21 所示的这种零件的加工，如果刀位点轨迹与编程轨迹重合，就会出现实际加工轮廓与编程轮廓不符的结果。如何在不改变编程轮廓的前提下，加工出正确的工件，是我们本任务所要解决的问题。

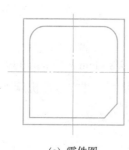　　　　

(a) 零件图　　　　　(b) 刀位点与编程轨迹重合　　(c) 刀位点与编程轨迹不重合

图 7-21　轮廓零件比较图

（一）工艺知识

1. 外轮廓走刀路线的安排

轮廓铣削时可以安排延长线切入和延长线切出的进退刀方式，避免刀具沿法向切入工件而在工件上留下刀痕。用圆弧插补方式铣削整圆时，安排刀具从切向进入圆周铣削加工。当整圆加工完毕后，不要在切点处直接退刀，而让刀具多移动一段距离，最好沿切线方向退出，以免取消刀具半径补偿时刀具与工件表面相碰撞，

视频 7-2-1：
外轮廓铣削加工工艺

造成工件报废。

2. 顺铣和逆铣

1）定义

如图 7 – 22 所示，顺铣是指刀具的切削速度方向与工件的移动方向相同；逆铣是指刀具的切削速度方向与工件的移动方向相反。

2）判别方法

当铣削工件外轮廓时，沿工件外轮廓顺时针方向进给、编程即为顺铣，沿工件外轮廓逆时针方向编程、进给即为逆铣，如图 7 – 23 所示；当铣削工件内轮廓时，沿工件内轮廓逆时针方向进给、编程即为顺铣，沿工件内轮廓顺时针方向编程、进给即为逆铣，如图 7 – 24 所示。

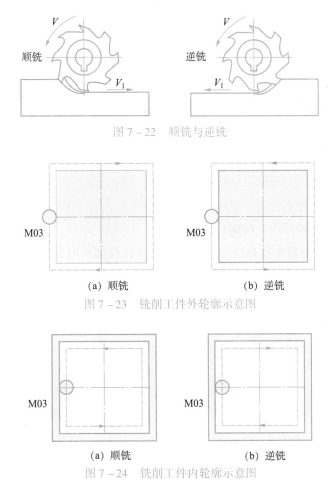

图 7 – 22　顺铣与逆铣

（a）顺铣　　　　　　　　　　（b）逆铣

图 7 – 23　铣削工件外轮廓示意图

（a）顺铣　　　　　　　　　　（b）逆铣

图 7 – 24　铣削工件内轮廓示意图

3）选择技巧

（1）尽可能多使用顺铣。因为数控铣床的结构特点，丝杠和螺母的间隙很小，若采用滚珠丝杠副，基本可消除间隙，因而不存在间隙引起工作台窜动问题。同时，数控铣削加工应尽可能采用顺铣，以便提高铣刀寿命和加工表面的质量。

（2）当工件表面有硬皮，应采用逆铣。因为逆铣时，刀齿是从已加工表面切入，不会崩刀。若工件表面没有硬皮，采用顺铣加工。

（3）粗加工多用逆铣，而精加工采用顺铣。

（二）编程指令

视频 7－2－2：
刀具半径补偿

1. 刀具半径补偿指令（G41/G42/G40）

1）刀补的提出

只是按零件的轮廓来编制加工程序，加工程序只给出刀位点轨迹；轮廓加工时刀具刀位点的轨迹和实际切削刃切削出的形状并不重合；在轮廓尺寸大小上存在一个刀具半径的差别。如果把工件轮廓换算成刀具中心的运动轨迹进行编程，就需要进行大量的数值计算，因此数控系统大多具有刀具半径补偿功能。

2）刀具半径补偿的含义

利用数控系统的刀具半径补偿功能，编程者可以按照工件的实际轮廓进行编程。加工时，数控系统能够根据编制的程序和预先设定的偏置参数实时自动计算出刀具中心的运动轨迹，使刀具偏离工件轮廓一个半径值，实现刀具的半径补偿，以便加工出符合图样要求的工件。

3）指令代码及格式（G17 平面）

G41，建立刀具半径左补偿：G00/G01 G41 X ＿ Y ＿ D ＿；

G42，建立刀具半径右补偿：G00/G01 G42 X ＿ Y ＿ D ＿；

G40，取消刀具半径补偿：G00/G01 G40 X ＿ Y ＿；

其中：X，Y——建立刀具半径补偿（或取消刀具半径补偿）时目标点坐标；

D——刀具半径补偿号。

4）判断左、右刀补的方法

如图 7－25 和图 7－26 所示：G41，即沿刀具进刀方向看去，刀具中心在零件轮廓左侧进行补偿。G42，即沿刀具进刀方向看去，刀具中心在零件轮廓右侧进行补偿。

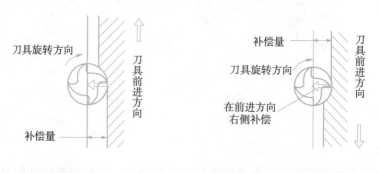

图 7－25　左刀补　　　　　　　　　图 7－26　右刀补

5）指令说明

（1）在进行刀具半径补偿前，必须用 G17 或 G18、G19 指定刀具半径补偿是在哪个平

面上进行。平面选择的切换必须在补偿取消的方式下进行，否则将产生报警。

（2）刀具半径补偿的引入和取消要求应在 G00 或 G01 程序段，不要在 G02 或 G03 程序段上进行。

（3）当刀具半径补偿数据为负值时，G41、G42 功效互换。

（4）G41、G42 指令不要重复规定，否则会产生一种特殊的补偿。

（5）G40、G41、G42 都是模态代码，可相互注销，在没有取消前一直有效。

2. 刀具半径补偿编程的实现

1）刀具半径补偿的引入

当电源接通时，数控系统处于刀偏取消方式，刀具中心轨迹和编程轨迹一致。当程序执行到 G41（或 G42）和 D00 以外的 D 代码时，刀具从起点接近工件，在编程轨迹的基础上，刀具中心向左或向右偏离一个偏置量的距离，令数控系统进入偏置状态。引入刀具半径补偿时，刀具必须通过 G00 或 G01 在所补偿的平面内移动完成，且移动的距离应大于刀具半径的补偿值。为避免引入半径补偿的过程中出现过切，需要在铣削工件之前引入半径补偿，在该程序段中使刀具从要补偿的方向侧切入要铣削的工件，切入角度不能小于 90°，如图 7－27 所示。

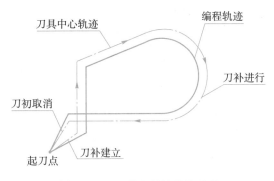

图 7－27　刀具半径补偿的过程

2）刀具半径补偿的进行

当建立起正确的刀具半径补偿量后，数控系统就将按程序的要求控制刀具中心的运动，使刀具中心的轨迹与编程轨迹始终偏置一个偏置量的距离，实现对工件的铣削加工。

3）刀具半径补偿的取消

加工结束时，使刀具返回到开始位置须取消刀具半径补偿。在该过程中，刀具撤离工件，使刀具中心的轨迹终点与编程的轨迹终点（如起刀点）重合。半径补偿取消时移动的距离应大于刀具半径补偿值，还要注意刀具半径的终点应安排在刀具切出工件后，以免发生碰撞或过切。

3. 刀具半径补偿的应用

（1）根据刀具补偿的方向可以选择采用顺铣或逆铣的加工方式。在刀具正转的情况下，采用左补偿铣削为顺铣，采用右补偿铣削为逆铣。顺铣切削力小，切屑变形小，通常用于精加工，但容易崩刃；采用逆铣时切削力大，切削变形大，刀具磨损加大，常用于粗加工。

（2）由于同一把刀可以有多个刀具半径补偿，因此刀具半径补偿功能的另一个很重要的用途是可以使用同一个程序和同一尺寸的刀具实现工件的粗加工和精加工。

（3）由于刀具的磨损、重磨或因换刀引起刀具半径变化时，只需修改相应的偏置参数，不必重新编程。

（4）刀具补偿功能还可用于配合件的加工。对于配合件的内外轮廓，在编程时编写成同一程序。

4. 刀具长度补偿（G43/G44/G49）

通常在数控铣床加工中心上加工一个工件时要使用多把刀具，由于每把刀具长度不同，所以每次换刀后，刀具 Z 方向移动时，需要对刀具进行长度补偿，让不同长度的刀具在编程时 Z 方向坐标统一。

视频 7 – 2 – 3：
刀具长度补偿

刀具长度补偿编程格式：

（1）G00 或 G01 G43 Z ＿ H（刀具正向补偿，补偿轴终点加上偏置值）。

（2）G00 或 G01 G44 Z ＿ H（刀具负向补偿，补偿轴终点减去偏置值）。

其中：Z——补偿轴的终点值；

H——刀具长度偏移量的存储器地址。

把编程时假定的理想刀具长度与实际使用的刀具长度之差作为偏置设定在偏置存储器中，该指令不改变程序就可以实现对 Z 轴（或 X、Y 轴）运动指令的终点位置进行正向或负向补偿。

取消长度补偿指令格式：

G00 或 G01 G49 Z ＿＿（X ＿ 或 Y ＿）（取消刀具偏置值）。

G49 指令是刀具长度补偿取消指令，当程序段中调用 G49 时，则 G43 和 G44 均从该程序段起被取消。

练一练

【例 7 – 2】　如图 7 – 28 所示外轮廓零件，毛坯材料为硬铝，试编写零件外轮廓部分的加工程序。

（1）建立工件坐标系的原点：设在工件上表面的左下角顶点上。

（2）确定起刀点：设在工件上表面对称中心的上方 100 mm 处。

（3）确定下刀点：设在 a 点上方 100 mm 处（X – 20 Y – 20 Z100）。

（4）确定走刀路线，如图 7 – 29 所示，立铣刀铣削时走刀路线为 a→b→c→d→e→f→g→h→i→a，清除残留余料的路线为 a→j→k。走刀路线采用延长线切入和延长线切出的方式。铣削时在 ab 段引入刀具半径补偿，ia 段取消刀具半径补偿。

（5）计算基点坐标，如表 7 – 7 所示。

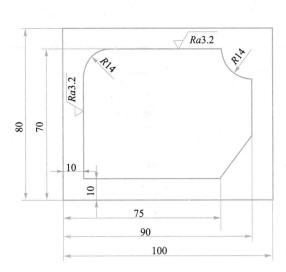

图 7 - 28　外轮廓零件

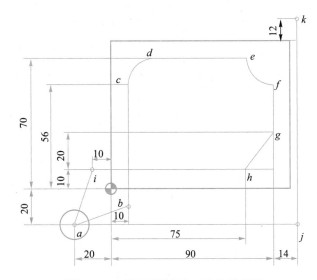

图 7 - 29　外轮廓零件走刀路线示意图

表 7 - 7　外轮廓基点坐标

基点	坐标值	基点	坐标值
O	(0, 0)	f	(90, 56)
a	(-20, -20)	g	(90, 30)
b	(10, -10)	h	(75, 10)
c	(10, 56)	i	(-10, 10)
d	(24, 70)	j	(104, -20)
e	(76, 70)	k	(104, 92)

本例中零件的外轮廓加工程序如表7-8所示。

表7-8 例7-2外轮廓参考程序

程 序	说 明
O0001;	程序名
G54 G17 G90 G40;	调用工件坐标系，绝对坐标编程
M03 S1200 T01;	开启主轴
G00 Z100;	将刀具快速定位到初始平面
X-20 Y-20;	快速定位到下刀点
Z5;	快速定位到R平面
G01 Z-3 F80;	进刀
G41 G01 X10 Y-10 D01;	调用半径补偿，快速定位到b点
G01 Y56;	铣削工件到c点
G02 X24 Y70 R14;	铣削工件到d点
G01 X76;	铣削工件到e点
G03 X90 Y56 R14;	铣削工件到f点
G01 Y30;	铣削工件到g点
X75 Y10;	铣削工件到h点
X-10;	铣削工件到i点
G40 G00 X-20 Y-20;	取消半径补偿，返回到a点
X104;	快速定位到j点
G01 Y92 F100;	清理残留到k点
G00 Z100;	快速返回到初始平面
X0 Y0;	返回到工件原点
M05;	主轴停止
M30;	程序结束

 任务实施

1. 图样分析

如图7-20所示，工件轮廓由直线和4个R10 mm的圆弧构成，轮廓高2 mm；该工件轮廓表面粗糙度为Ra3.2 μm，加工中需安排粗铣加工

视频7-2-4：平面外轮廓加工案例

和精铣加工。

2. 加工方案

（1）装夹方式：平口钳装夹在工作台上，用百分表校正其位置；工件装夹在平口钳上，底部用垫块垫起，使加工表面高于钳口 5～10 mm。

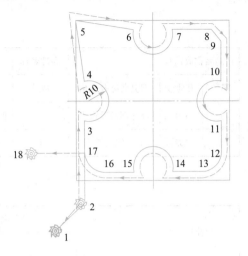

（2）工件坐标系建立：根据工件坐标系的建立原则，该零件工件坐标系建立在工件几何中心上较为合适，如图 7－30 所示。

（3）基点坐标计算加工中采用刀具半径补偿功能，故只需计算工件轮廓上基点坐标即可，不需计算刀心轨迹及坐标。基点如图 7－30 所示。基点坐标如表 7－9 所示。

图 7－30　走刀路线图

表 7－9　基点坐标计算

基点	坐标（X，Y）	基点	坐标（X，Y）
1	（－45，－60）	10	（35，9.7）
2	（－35，－50）	11	（35，－9.7）
3	（－35，－9.7）	12	（35，－25）
4	（－35，9.7）	13	（25，－35）
5	（－40，40）	14	（9.7，－35）
6	（－10，35）	15	（－9.7，－35）
7	（10，35）	16	（－25，－35）
8	（30，35）	17	（－35，－25）
9	（35，30）	18	（－50，－25）

3. 工艺路线确定

四个圆弧轮廓直径为 $\phi20$ mm，所选铣刀直径不得大于 $\phi20$ mm，加工该零件选用直径为 $\phi16$ mm 铣刀。粗加工选用键槽铣刀铣削，精加工用立铣刀侧面下刀铣平面，最后清除边角残留。铣削时，刀具由 1 点运行至 2 点（轨迹延长线上）建立刀具半径补偿，然后按 3→4→5→6→7→8→9→10→11→12→13→14→15→16→17 的顺序铣削加工。切除时由 17 点插补到 18 点取消刀具半径补偿，如图 7－30 所示。

4. 制定工艺卡片

刀具的选择见表 7－10 刀具卡。

切削用量的选择见表 7－11 工序卡。

表 7 – 10　刀具卡

产品名称或代号			零件名称			零件图号	
序号	刀具号	刀具名称及规格	数量	加工表面		刀具直径/mm	备注
1	T01	高速钢键槽铣刀	1	粗铣外轮廓，留加工余量 0.3 mm		16	
2	T02	高速钢立铣刀	1	精铣外轮廓		16	

表 7 – 11　工序卡

数控加工工序卡		产品名称			零件名		零件图号
工序号	程序编号	夹具名称		夹具编号	使用设备		车间
工步号	工步内容	切削用量			刀具		备注
		主轴转速 $n/(\mathrm{r \cdot min^{-1}})$	进给速度 $f/(\mathrm{mm \cdot min^{-1}})$	背吃刀量 a_p/mm	编号	名称	
1	粗铣外轮廓，留 0.3 mm 精加工余量	800	160	1.7	T01	$\phi16$ mm 键槽铣刀	自动
2	精铣外轮廓	1 000	100	0.3	T02	$\phi16$ mm 立铣刀	自动

5. 编制程序

任务二外轮廓零件加工参考主程序如表 7 – 12 所示，子程序如表 7 – 13 所示。

表 7 – 12　加工参考主程序

程　序	说　明
O0001；	程序名
G54 G17 G90 G40；	调用工件坐标系，绝对坐标编程
M03 S1000 T01；	开启主轴
G00 Z100；	将刀具快速定位到初始平面
X – 45 Y – 60；	快速定位到1点上方
Z5；	快速定位到 R 平面

续表

程　　序	说　　明
G01 Z − 1. 7 F80；	进刀
M98 P0010；	调用子程序，粗加工轮廓
G00 Z100；	抬刀
M05；	主轴停止
M00；	程序暂停
M06 T02；	换精铣刀具
G55；	调用 G55 坐标偏置
M03 S1200；	设置精加工参数
G00 X − 45 Y − 60；	快速定位到 1 点上方
Z5；	快速定位到 R 平面
G01 Z − 2 F60；	下刀至 2 mm 深度
M98 P0010；	调用子程序，精加工轮廓
G00 Z100；	快速返回到初始平面
X0 Y0；	返回到工件原点
M05；	主轴停止
M30；	程序结束

表 7 – 13　加工参考子程序

程　　序	说　　明
O0010；	程序名
G00 G41 X − 35 Y − 50 D01；	建立刀具半径左补偿
G01 Y − 9. 7；	直线加工至 3 点
G03 Y9. 7 R − 10；	圆弧加工至 4 点
G01 X − 40 Y40；	直线加工至 5 点
X − 10 Y35；	直线加工至 6 点
G03 X10 R10	圆弧加工至 7 点
G01 X30 Y35；	直线加工至 8 点
X35 Y30；	直线加工至 9 点

续表

程　序	说　明
Y9. 7；	直线加工至 10 点
G03　Y − 9. 7　R − 10；	圆弧加工至 11 点
G01　X35　Y − 25；	直线加工至 12 点
G02　X25　Y − 35　R10；	圆弧加工至 13 点
G01　X − 9. 7；	直线加工至 14 点
G03　X9. 7　R − 10；	圆弧加工至 15 点
G01　X − 25；	直线切削至 16 点
G02　X − 35　Y − 25　R10；	圆弧加工至 17 点
G01　G40　X − 50　Y − 25；	取消半径补偿
M99；	子程序结束

6. 零件加工

按表 7 − 12、表 7 − 13 所示程序加工零件。

7. 操作注意事项

（1）编程时采用刀具半径补偿指令。加工前应设置好机床中半径补偿值，否则刀具将不按半径补偿加工。

（2）首件加工采用"试测法"控制轮廓及深度尺寸，故加工时应及时测量工件尺寸和修改数控机床中刀具半径等参数。首件加工合格后，就不要调整机床中半径等参数，除非刀具在加工过程中磨损。

（3）为保证工件轮廓表面质量，最终轮廓应安排在最后一次进给中连续加工完成。

（4）尽量避免切削过程中途停顿，减少因切削力突然变化造成弹性变形而留下的刀痕。

（5）铣削平面外轮廓时尽量采用顺铣方式，以提高表面质量。

（6）工件装夹在平口钳上应校平上表面，否则深度尺寸不易控制；也可在对刀前用面铣刀铣平上表面。

 任务评价

教师与学生评价表参见附表，包括程序与工艺评分表、安全文明生产评分表、工件质量评分表和教师与学生评价表。表 7 − 14 所示为本工件的质量评分表。

表7－14 工件质量评分表

工件质量评分表（40分）						
序号	考核项目	考核内容及要求	配分	评分标准	检测结果	得分
1	长度	$70_{-0.1}^{0}$ mm（2处）	6	超差0.01扣1分		
		$2_{0}^{+0.1}$ mm	4	超差0.01扣1分		
		9.7 mm（2处）	6	超差0.01扣1分		
		5 mm	4	超差0.01扣1分		
2	圆弧	$R10$ mm（6处）	12	不合格不得分		
3	粗糙度	$Ra3.2$ μm（2处）	8	不合格不得分		
总分						

学习情境

内轮廓及型腔都有不与外界相接触的特征，并且都有其高度或深度，根据具体情况，可以采用分层铣削的方式以达到要求。对于有规律性结构的零件，在编程中可以通过镜像指令或旋转指令来实现，以达到简化编程的目的。在前面的项目中，我们学会了利用刀具半径补偿指令控制平面外轮廓加工的方法，那对于内轮廓及型腔的加工，我们该如何利用刀具半径补偿指令编程，合理安排加工工艺呢？这是这个项目所要解决的问题。

【知识目标】

◇ 掌握刀补指令 G40、G41、G42 的编程和应用；

◇ 掌握深度变量的应用方式；

◇ 掌握 G68 及 G69 指令并正确使用。

【能力目标】

◇ 能根据所加工的零件正确选择加工设备、确定装夹方案、选择刃具量具、确定工艺路线、编制工艺卡和刀具卡；

◇ 学会内外轮廓及腔槽的编程与加工；

◇ 能正确保证零件的尺寸公差、几何公差等要求。

【思政目标】

◇ 小组学习的过程中，具备发现问题解决问题的能力；具有团队协作，提炼总结，科学合理制定、实施工作计划的能力；

◇ 上机床操作具备良好的心理素质和克服困难的能力；

◇ 成果展示阶段，具有进行自我批评和自我检查的能力。

榜样故事8

《大国重器》刘飞香：

大国重器的铸造者

任务一　平面内轮廓的数控铣削编程与加工

任务描述

如图 8 - 1 所示，分析该零件的加工工艺，编制加工程序并在数控铣床上加工。

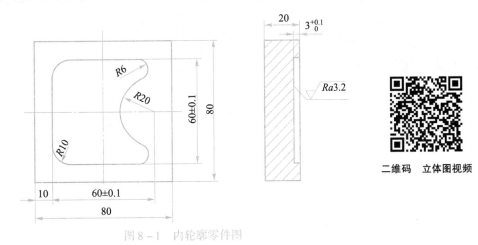

图 8 - 1　内轮廓零件图

二维码　立体图视频

任务分析

1. 技术要求分析

该零件图有哪些技术要求？

2. 加工方案

1）装夹方案

加工该零件应采用何种装夹方案？以什么位置为定位基准？

2）位置点选择

（1）工件坐标系设置在什么位置最好？

（2）下刀点应定在什么位置？该如何下刀？在哪些点之间建立或取消刀具半径补偿？

3. 确定工艺路线

如何规划走刀路线，使路线达到最优化？

 相关知识

1. 型腔类零件的下刀方法

加工型腔类零件在垂直进给时切削条件差，轴向抗力大，切削较为困难。一般根据具体情况采用以下几种方法进行加工：

视频 8 - 1 - 1：
型腔加工工艺

（1）用钻头在铣刀下刀位置预钻一个孔，铣刀在预钻孔位置下刀进行型腔的铣削。此方法对铣刀种类没有要求，下刀速度不用降低，但需增加一把钻头，也增加了换刀和钻孔时间。

（2）Z 向垂直下刀，如图 8-2（a）所示，用键槽铣刀（或有端面刃的立铣刀）直接垂直下刀进给，再进行型腔铣削，此方法下刀速度不能过快，否则会产生振动，损坏切削刃。

（3）斜插式下刀，如图 8-2（b）所示，使用 X、Y 和 Z 方向的线性斜坡切削下刀，达到轴向深度后再进行型腔铣削，此方法适宜加工宽度较窄的型腔。

（4）螺旋下刀，如图 8-2（c）所示，铣刀在下刀过程中沿螺旋线路径下刀。它产生的轴向力小，工件加工质量高，对铣刀种类也没有什么要求，是最佳的下刀方式。

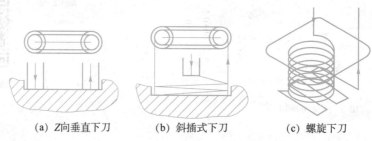

（a）Z向垂直下刀　　　（b）斜插式下刀　　　（c）螺旋下刀

图 8-2　内轮廓下刀示意图

2. 内轮廓编程的三要素

内轮廓编程加工的三要素为：刀具直径、精加工余量、半精加工余量。具体如图 8-3 所示。

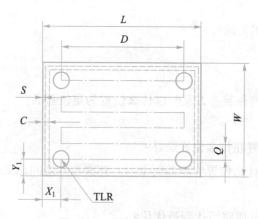

图 8-3　内轮廓编程要素图

X_1—刀具起点的 X 坐标；Y_1—刀具起点的 Y 坐标；L—型腔长度；D—实际切削长度；

W—型腔宽度；S—精加工余量；TLR—刀具半径；Q—切削间距；C—半精加工余量

3. 内轮廓加工工艺方案

1）切入、切出方式选择

刀具的进退刀路线要尽量避免在轮廓处停刀或垂直切入、切出工件，以免留下刀痕。最终轮廓应一次走刀完成，以使轮廓表面光整。

铣削封闭内轮廓表面时，刀具无法沿轮廓线的延长线方向切入、切出，只有沿法向切入、切出，或沿圆弧切入、切出。

2）铣削方向的确定

一般尽可能采用顺铣，即在铣内轮廓时采用沿内轮廓逆时针铣削方向为好。

3）进给路线

内轮廓的进给路线有行切、环切和综合切削三种切削方法，如图 8-4 所示，在这三种方案中，图 8-4（a）的方案最差，图 8-4（c）的方案最佳。

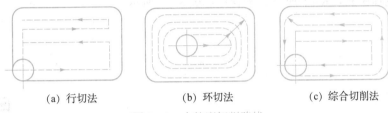

（a）行切法　　　　　　　（b）环切法　　　　　　　（c）综合切削法

图 8-4　内轮廓切削路线

在轮廓加工过程中，工件、刀具、夹具、机床系统等处在弹性变形平衡的状态下，在进给停顿时，切削力减小，会改变系统的平衡状态，刀具会在进给停顿处的零件表面留下刀痕，因此在轮廓加工中应避免进给停顿。

练一练

【例 8-1】　如图 8-5 所示零件，毛坯材料为铝合金，六面已经加工过，尺寸为 100 mm × 100 mm × 20 mm，编写该矩形腔的加工程序。

1）零件图工艺分析

该工件由一个腔槽组成，轮廓线由直线和 R8 的圆弧构成，腔槽深 3 mm，该工件的表面粗糙度为 Ra3.2 μm，加工中需要安排粗铣加工和精铣加工。

2）确定装夹方式和加工方案

（1）装夹方式：采用机用平口钳装夹，底部用等高垫块垫起，使工件高于钳口 5 mm，以便于对刀操作。

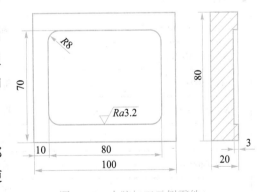

图 8-5　内腔加工示例零件

（2）加工方案：由于内腔槽不与外界连接，本着先粗后精的原则，首先使用 φ14 mm 键槽铣刀 T01 采用行切法粗铣内腔槽，再使用 φ14 mm 立铣刀 T02 精铣圆角矩形内轮廓。

3）确定加工顺序和走刀路线

（1）建立工件坐标系的原点：设在工件上表面几何对称中心上。

（2）确定起刀点：设在工件坐标系原点的上方 100 mm 处。

（3）确定下刀点：行切内腔槽时设在点 a（$X-31$，$Y-21$，$Z100$）上方 100 mm 处，环铣内腔槽时设在点 g（$X0$，$Y0$，$Z100$）上方 100 mm 处。

（4）确定走刀路线：首先使用 $\phi14$ mm 的键槽铣刀 T01 在 a 点下刀到铣削深度，采用行切法粗铣内腔槽，走刀路线如图 8-6（a）所示；然后换 $\phi14$ mm 的立铣刀 T02 采用环切法精铣矩形腔槽，走刀路线图如图 8-6（b）所示，即 $g \rightarrow h \rightarrow i \rightarrow j \rightarrow k \rightarrow l \rightarrow m \rightarrow n \rightarrow o \rightarrow p \rightarrow q \rightarrow i \rightarrow r \rightarrow g$。在精铣中走刀路线采用圆弧切入、圆弧切出的进退刀方式，gh 段引入刀具半径补偿，rg 段取消刀具半径补偿。

本例中零件的走刀路线示意图如图 8-6 所示，根据此走刀路线所编制的矩形腔槽零件的铣削参考主程序如表 8-1 所示，子程序如表 8-2 所示。

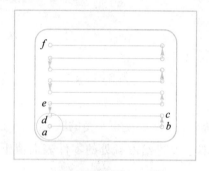
（a）矩形腔槽粗加工路线

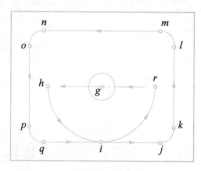
（b）矩形腔槽精加工路线

视频 8-1-2：
主程序与子程序

图 8-6　走刀路线示意图

表 8-1　例 8-1 铣削参考主程序

程　序	说　明
O0001；	程序名
G54 G90 G40 G17；	调用工件坐标系，绝对坐标编程
M03 S800 T01；	开启主轴
G00 Z100；	将刀具快速定位到初始平面
X-31 Y-21；	将刀具快速定位到下刀点
Z5；	快速定位到 R 平面
M98 P40010；	退刀进刀至 e 点
G90 G00 Z100；	铣削工件到 a 点
X0 Y0；	铣削工件到 b 点
M05；	铣削工件到 c 点
M00；	铣削工件到 d 点
M06 T02；	铣削工件到 e 点

程　　　序	说　　　明
G55 M03 S800；	铣削工件到 f 点
G00 Z100；	快速返回到初始平面
X0 Y0；	返回工件原点
Z5；	主轴停止
G01 Z – 3 F80；	精铣削到 – 3 mm 的深度
G41 G01 X – 30 D01；	进给到 h 点，引入刀具半径补偿
G03 X0 Y – 30 R30；	圆弧切入 i 点
G01 X32；	铣削到 j 点
G03 X40 Y – 22 R8；	铣削到 k 点
G01 Y22；	铣削到 l 点
G03 X32 Y30 R8；	铣削到 m 点
G01 X – 32；	铣削到 n 点
G03 X – 40 Y22 R8；	铣削到 o 点
G01 Y – 22；	铣削到 p 点
G03 X – 32 Y – 30 R8；	铣削到 q 点
G01 X0；	铣削到 i 点
G03 X30 Y0 R30；	圆弧切出到 r 点
G40 G01 X0 Y0；	返回到 g 点，退出刀具半径补偿
G00 Z100；	快速返回到初始平面
M05；	主轴停止
M30；	程序结束

表 8 – 2　例 8 – 1 零件加工参考子程序

程　　　序	说　　　明
O0010；	程序名
G91 G01 Z – 8 F80；	Z 向进刀
X62；	铣削工件到 b 点
Y6；	铣削工件到 c 点

续表

程　序	说　明
X－62；	铣削工件到 d 点
G00 Z10；	Z 向退刀
Y6；	快速定位到 e 点
M99；	程序结束，返回主程序

 任务实施

视频 8－1－3：平面内
轮廓加工案例

1. 图样分析

如图 8－1 所示，该工件由一个腔槽组成，内轮廓线由直线和 $R10$ mm、$R6$ mm 的凹弧和一个 $R20$ 的凸弧构成，腔槽深 3 mm，该工件的表面粗糙度为 $Ra3.2$ μm，加工中需要安排粗铣加工和精铣加工。

2. 加工方案

1）装夹方案

先把平口钳装夹在铣床工作台上，用百分表校正平口钳，使钳口与铣床 X 方向平行。工件装夹在平口钳上，下用垫铁支撑，使工件放平并伸出钳口 5～10 mm，夹紧工件。

2）工件坐标系建立

根据工件坐标系的建立原则，该零件的工件坐标系建立在工件几何中心上较为合适，Z 轴零点设在工件上表面。

3）基点坐标计算

本任务中的零件不仅要计算基点 7、8、9、10、11、12、13、14 等坐标，还要计算环切余量时 1、2、3、4、5、6 点的坐标。其中，点 1、2、3、4、5、6、9、10、11、12 坐标不易计算，可以采用 CAD 软件查找点的坐标的方法，具体做法：在二维 CAD 软件中画出内轮廓图形（注意工件坐标系与 CAD 软件坐标系一致，坐标原点重合），然后用软件查询工具查询各点坐标。从而得到各点坐标值，如表 8－3 所示。

表 8－3　基点坐标

基点	坐标 (X, Y)	基点	坐标 (X, Y)
1	（－10，10）	8	（－20，－30）
2	（－10，－10）	9	（20，－30）
3	（－17，－17）	10	（22.308，－18.462）
4	（－1.716，－17）	11	（22.308，18.462）

基点	坐标 (X, Y)	基点	坐标 (X, Y)
5	(-1.716, 17)	12	(20, 30)
6	(-17, 17)	13	(-20, 30)
7	(-30, -20)	14	(-30, 20)

3. 工艺路线确定

由于该零件内轮廓加工余量不多，选择环切法并由里向外加工，加工中行距取刀具直径的50%～90%，加工路线图如图8-7所示。

由图8-7可知：刀具由 1→2→3→4→5→6→3→7→8→9→10→11→12→13→14→7→1 的顺序按环切方式进行加工，刀具从点3运行至点7时建立刀具半径补偿，加工结束时刀具从点7运行至点1过程中取消刀具半径补偿。

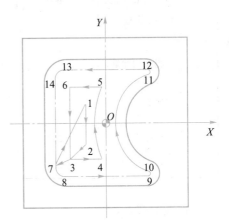

图8-7 内轮廓零件加工路线图

4. 制定工艺卡片

刀具的选择见表8-4刀具卡。

表8-4 刀具卡

产品名称或代号			零件名称			零件图号	
序号	刀具号	刀具名称及规格	数量	加工表面	刀具直径/mm	备注
1	T01	高速钢键槽铣刀	1	垂直进给	10	
				粗铣内轮廓	10	
2	T02	高速钢立铣刀	1	垂直进给	10	
				精铣内轮廓	10	

切削用量的选择见表8-5工序卡。

表8-5 工序卡

数控加工工序卡		产品名称		零件名	零件图号
					数铣-01
工序号	程序编号	夹具名称		夹具编号	使用设备	车间

工步号	工步内容	切削用量			刀具		备注
		主轴转速 $n/(\text{r}\cdot\text{min}^{-1})$	进给速度 $f/(\text{mm}\cdot\text{min}^{-1})$	背吃刀量 a_p/mm	编号	名称	
1	垂直进给，深度留 0.3 mm 精加工余量	1 000	120	2.7	T01	高速钢键槽铣刀	自动
2	粗铣内轮廓，轮廓留 0.3 mm 精加工余量	1 000	100	2.7			
3	垂直进给	1 200	100	0.3	T02	高速钢立铣刀	自动
4	精铣内轮廓	1 200	120	0.3			

5. 编制程序

内轮廓零件加工参考主程序如表 8 – 6 所示，参考子程序如表 8 – 7 所示。

表 8 – 6　内轮廓零件加工参考主程序

程　　序	说　　明
O0001；	程序名
G54 G17 G90 G40；	调用工件坐标系，绝对坐标编程
M03 S1000 T01；	开启主轴，刀具号 T01
G00 Z100；	将刀具快速定位到初始平面
X – 10 Y10；	空间快速移动至 1 点上方
Z5；	快速定位到 R 平面
G01 Z – 2.7 F120；	下刀
M98 P0010；	调用子程序，粗加工轮廓
G00 Z100；	抬刀
M05；	主轴停止
M00；	程序暂停
M03 G55 S1200 T02；	换精铣刀具，调用 G55 坐标系
G00 X0 Y10；	空间快速移动至（$X0$，$Y10$）处
Z5；	快速定位到 R 平面

程 序	说 明
G01 X−10 Z−3 F100;	斜坡下刀至1点
M98 P0010;	调用子程序，精加工轮廓
G00 Z100;	加工完毕后抬刀
M05;	主轴停止
M30;	程序结束

表8−7 内轮廓零件加工参考子程序

程 序	说 明
O0010;	程序名
G01 X−10 Y−10 Z−10 F80;	从1点直线加工至2点
X−17 Y−17;	直线加工至3点
X−1.716;	直线加工至4点
G02 Y17 R35;	圆弧加工至5点
G01 X−17;	直线加工至6点
Y−17;	直线加工至3点
G41 X−30 Y−20 D01;	建立半径补偿至7点
G03 X−20 Y−30 R10;	圆弧加工至8点
G01 X20;	直线加工至9点
G03 X22.308 Y−18.462 R6;	圆弧加工至10点
G02 Y18.462 R20;	圆弧加工至11点
G03 X20 Y30 R6;	圆弧加工至12点
G01 X−20;	直线加工至13点
G03 X−30 Y20 R10;	圆弧加工至14点
G01 Y−20;	直线加工至7点
G40 X−10 Y10;	移动至1点并取消刀补
M99;	子程序结束

6. 零件加工

按表8−6、表8−7程序加工零件。

7. 加工操作注意事项

（1）铣刀半径必须小于或等于工件内轮廓凹圆弧最小半径大小，否则无法加工出内轮廓圆弧。机床中半径参数设置也不能大于内轮廓半径，否则会发生报警。

（2）加工内轮廓尽可能采用顺铣以提高表面质量。

（3）平面内轮廓加工尽可能采用行切、环切相结合的路线，并从里往外加工，这样既可缩短切削时间，又可保证加工表面质量。

（4）内轮廓无法加工预制孔，精加工时用立铣刀螺旋方式下刀或采用键槽铣刀代替。

（5）机床中半径参数值设置越大，内轮廓尺寸越小，与外轮廓刚好相反。

（6）工件装夹在平口钳上应校平上表面，否则深度尺寸不易控制；也可在对刀前用面铣刀铣平上表面。

 任务评价

教师与学生评价表参见附表，包括程序与工艺评分表、安全文明生产评分表、工件质量评分表和教师与学生评价表。表8-8所示为本工件的质量评分表。

表8-8 工件质量评分表

工件质量评分表（40分）						
序号	考核项目	考核内容及要求	配分	评分标准	检测结果	得分
1	长度	(60 ± 0.1) mm（2处）	8	超差0.01扣1分		
		$3^{+0.1}_{0}$ mm	6	超差0.01扣1分		
		10 mm	6	超差0.01扣1分		
2	圆弧	$R10$ mm（2处）	6	不合格不得分		
		$R6$ mm（2处）	6	不合格不得分		
		$R20$ mm	3	不合格不得分		
3	粗糙度	$Ra3.2$ μm	5	不合格不得分		
总分						

任务二 直沟槽、圆弧槽的数控铣削编程与加工

 任务描述

如图8-8所示具有直沟槽、圆弧槽特征的零件，毛坯为80 mm×80 mm×20 mm的方形毛坯，材料为45钢。分析零件的加工工艺，编制该零件的加工程序，并在数控机床上加工。

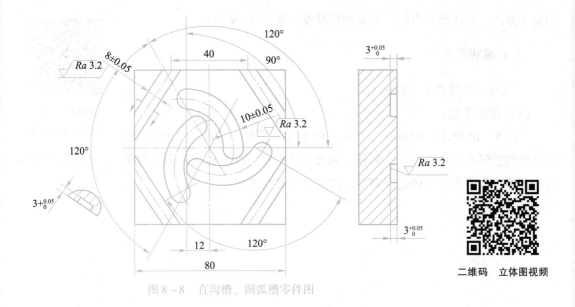

图 8-8 直沟槽、圆弧槽零件图

二维码 立体图视频

任务分析

1. 技术要求分析

如图 8-8 所示工件为一腔槽类零件，分析该零件有哪些技术要求，以及有哪些有规律的特征要素。

2. 编制加工程序

依据上个任务，能否编写该内轮廓零件的加工程序？

3. 加工方案

1）装夹方案

加工该零件应该如何进行装夹？

2）位置点选择

工件坐标系零点设置在什么位置最好？

4. 确定工艺路线

该零件的加工工艺路线应怎样安排？

相关知识

（一）工艺知识

铣键槽时，为了保证槽的尺寸精度，一般用两刃键槽铣刀，凹槽深度的尺寸精度及粗糙度通过 Z 向安排合理的精铣余量，粗铣后测量，再通过修正程序来控制。对于凹槽两侧的尺寸精度可以通过加工中修改半径补偿值来保证，而凹槽两侧的表面粗糙度如果要求较高，就要安排合理的走刀路线来保证。在铣削键槽时，铣刀来回走刀两次，保证两侧面都是顺铣的加工方式，使两侧具有相同的表面粗糙度，如图 8-9 所示。

（二）编程指令

1. 坐标系旋转指令（G68/G69）

视频 8-2-1：
坐标系旋转指令

（1）指令功能：

如图 8-10 所示，用该指令可将工件坐标系旋转一个角度，使刀具在偏转后的坐标系中运行加工。另外，如果工件形状由许多相同的图形组成，可由图形单元编成子程序，由主程序旋转指令调用。这样可以简化编程。

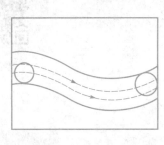

图 8-9　铣削凹槽的走刀路线

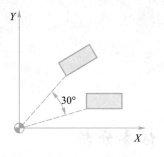

图 8-10　指令示意图

（2）指令格式：

G17 G68 X __ Y __ R __；

G18 G68 X __ Z __ R __；

G19 G68 Y __ Z __ R __；

$$\left.\begin{matrix} \vdots \\ \vdots \end{matrix}\right\}$$ 坐标系旋转后的程序；

G69；

（3）指令使用说明。

①G17、G18、G19 是坐标系所在的平面，立式铣床（加工中心）是指 G17 平面。

②X __ Y __：坐标系的旋转中心，当 X、Y 不输入时刀具当前位置为旋转中心。

③R __：逆时针方向旋转的角度。当 R 为负值时表示顺时针旋转的角度。当 R 不输入时则参数#5410 中的值为角度位移值。

④在 G90 方式下使用 G68 指令时旋转角度为绝对角度；在 G91 方式下使用 G68 指令时的旋转角度为上一次旋转的角度与当前指令中 R 指定的角度的和。

⑤选择加工平面后才能选用坐标系旋转指令，而在旋转方式下不可进行平面选择操作，也不可进行固定循环。

⑥如果需要刀具半径补偿、刀具长度补偿和其他补偿操作，则在 G68 执行后进行。旋转功能结束 G69 指令不可缺少，否则 G68 一直模态有效，且 G69 后的第一个移动指令必须用绝对值指定，否则将不能进行正确的移动。

2. 可编程镜像指令（G50.1/G51.1）

（1）指令功能：镜像功能可以实现对称零件的加工。

（2）指令格式：G51.1 X __ Y __ Z __；设置可编程镜像

　　　　　　　　G50.1；取消可编程的镜像

视频 8 - 2 - 2：
可编程镜像指令

如图 8 - 11 所示，原件①的加工程序编为子程序，其他用镜像加工，可以简化编程指令。

（3）指令使用说明。

①使用镜像功能后，G02 和 G03、G42 和 G43 指令被互换。

②在可编程镜像方式中，与返回参考点有关指令和改变坐标系指令（G54 ~ G59）等有关代码不需指定。

③用 G51.1 指定镜像的对称点（位置）和对称轴，而用 G50.1 仅指定镜像的对称轴，不指定对称点。

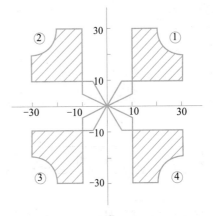

图 8 - 11　镜像指令示意图

练一练

【例 8 - 2】　编写如图 8 - 12 所示零件的加工程序。

（1）建立工件坐标系的原点：设在工件上表面几何中心对称处。

（2）确定起刀点：设在工件上表面对称中心的上方 100 mm 处。

（3）确定下刀点：设在 2 点上方 100 mm（X22.5，Y0，Z100）处。

（4）确定走刀路线：如图 8 - 13 所示，立铣刀铣削时走刀路线为 1→2→3→4→5→6→2→1。铣削时在 1→2 段引入刀具半径补偿，2→1 段取消刀具半径补偿。

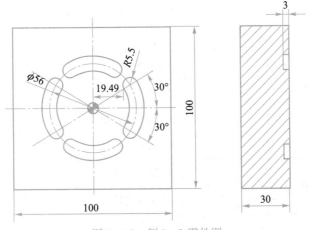

图 8 - 12　例 8 - 2 零件图

（5）编写加工程序，本例中零件加工参考主程序如表 8 - 9 所示，子程序如表8 - 10所示。

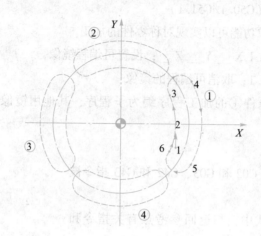

图 8 – 13　例 8 – 2 零件走刀路线示意图

表 8 – 9　例 8 – 2 零件加工参考主程序

程　　序	说　　明
O0001；	程序名
G54 G17 G90 G40；	调用工件坐标系，绝对坐标编程
M03 S1200 T01；	开启主轴
G00 Z100；	将刀具快速定位到初始平面
X0 Y0 Z10；	快速点定位到 R 平面
M98 P0044；	调用子程序铣第一个圆弧槽
G68 X0 Y0 R90；	坐标系旋转 90°
M98 P0044；	调用子程序铣第二个圆弧槽
G69；	取消坐标系旋转
G51. 1 X0；	以 Y 轴做镜像
M98 P0044；	调用子程序铣第三个圆弧槽
G50. 1 X0；	取消以 Y 轴做镜像
G68 X0 Y0 R270；	坐标系旋转 270°
M98 P0044；	调用子程序铣第四个圆弧槽
G69；	取消坐标系旋转
G00 Z100；	抬刀至初始平面
M05；	主轴停止
M30；	程序结束

表 8 – 10　例 8 – 2 零件加工参考子程序

程　序	说　明
O0044；	程序名
G00 X22.5 Y – 10；	快速移动点定位至 1 点
G00 G42 D01 Y0；	建立刀具右补偿进行粗铣，D01 = 5.3
G01 Z – 2.8 F100；	粗铣深度
G03 X19.486 Y11.25 R22.5 F150；	从 2 点铣削到 3 点
G02 X29.012 Y16.75 R – 5.5；	从 3 点铣削到 4 点
G02 X29.012 Y – 16.75 R33.5；	从 4 点铣削到 5 点
G02 X19.486 Y – 11.25 R – 5.5；	从 5 点铣削到 6 点
G03 X22.5 Y0 R22.5；	从 6 点铣削到 2 点
G00 Z10；	抬刀
G00 G40 X22.5 Y – 10；	取消刀具右补偿
G00 G42 D02 Y0；	建立刀具右补偿进行精铣 D02 = 5
S1200 M03；	精铣槽
G01 Z – 3 F120；	下刀至槽深度
G03 X19.486 Y11.25 R22.5；	从 2 点铣削到 3 点
G02 X29.012 Y16.75 R – 5.5；	从 3 点铣削到 4 点
G02 X29.012 Y – 16.75 R33.5；	从 4 点铣削到 5 点
G02 X19.486 Y – 11.25 R – 5.5；	从 5 点铣削到 6 点
G03 X22.5 Y0 R22.5；	从 6 点铣削到 2 点
G00 Z10；	抬刀
G00 G40 X0 Y0；	取消刀具右补偿
M99；	子程序结束

 任务实施

1. 图样分析

如图 8 – 8 所示，工件轮廓由宽度为 8 mm 的四个斜槽及 R25 mm 的三个圆弧槽构成，斜槽相对于 X 轴或 Y 轴是对称的，而圆弧槽之间是通过旋转 120°构成的。该零件的槽特征的深度方向及宽度方向均有尺寸公差控制，且工件槽侧面粗糙度为 Ra3.2 μm，加工中需安排粗铣

视频 8 – 2 – 3：直沟槽、
圆弧槽加工案例

加工和精铣加工。

2. 加工方案

1）装夹方式

平口钳装夹在工作台上，用百分表校正其位置；工件装夹在平口钳上，底部用垫块垫起，使加工表面高于钳口 5 ~ 10 mm。

2）工件坐标系建立

根据工件坐标系的建立原则，该零件工件坐标系建立在工件几何中心上较为合适，如图 8 - 14 所示。

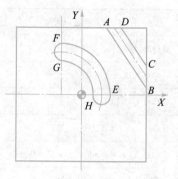

图 8 - 14　走刀路线及基点坐标图

3）基点坐标计算

由于零件特征要素的规律性，只需计算出相同槽中的一个基点坐标即可，如图 8 - 14 中标出的点，计算出的各点坐标如表 8 - 11 所示。

表 8 - 11　基点坐标值

基点	坐标 (X, Y)	基点	坐标 (X, Y)
A	(15.193, 40)	E	(18, 0)
B	(40, 2.79)	F	(-12, 30)
C	(40, 17.212)	G	(-12, 20)
D	(24.807, 40)	H	(8, 0)

3. 工艺路线确定

考虑到槽拐角圆弧半径值大小、槽宽等因素，本任务零件最小圆弧轮廓半径为 R5 mm，槽宽最小为 8 mm，所选铣刀直径应小于等于 $\phi 8$ mm，此处选 $\phi 6$ mm 的刀具，粗加工用键槽铣刀铣削，精加工用垂直下刀的立铣刀。

加工工艺路线如下：

（1）粗加工 4 个斜槽；

（2）粗加工 3 个圆弧槽；

（3）精加工 4 个斜槽；

（4）精加工 3 个圆弧槽。

4 个斜槽编写一个子程序，然后用镜像功能加工其余 3 个，粗、精加工分别用不同子程序完成零件加工。加工中采用刀具半径补偿指令并从轮廓延长线进刀。

中间三个圆弧槽编写一个子程序，粗、精加工各编写一个子程序进行加工。其余两个圆弧槽用坐标轴旋转指令调用子程序加工，槽宽度尺寸较小只能沿法向切入、切出方式进行加工。

4. 制定工艺卡片

刀具的选择见表 8 - 12 刀具卡。

表 8 – 12　刀具卡

产品名称或代号			零件名称		零件图号	
序号	刀具号	刀具名称及规格	数量	加工表面	刀具直径/mm	备注
1	T01	高速钢键槽铣刀	1	垂直进给切削、粗铣槽内轮廓	6	
2	T02	高速钢立铣刀	1	垂直进给切削、精铣槽内轮廓	6	

切削用量的选择见表 8 – 13 工序卡。

表 8 – 13　工序卡

数控加工工序卡		产品名称			零件名		零件图号
工序号	程序编号	夹具名称		夹具编号	使用设备		车间
工步号	工步内容	切削用量			刀具		备注
		主轴转速 $n/(\mathrm{r \cdot min^{-1}})$	进给速度 $f/(\mathrm{mm \cdot min^{-1}})$	背吃刀量 $a_{\mathrm{p}}/\mathrm{mm}$	编号	名称	
1	垂直进给，深度方向留 0.3 mm 精加工余量	1 000	100	2.7	T01	ϕ6 mm 键槽铣刀	自动
2	斜槽内轮廓粗铣，侧壁留 0.3 mm 精加工余量	1 000	100		T01	ϕ6 mm 键槽铣刀	自动
3	圆弧槽内轮廓粗铣，侧壁留 0.3 mm 精加工余量	1 000	100		T01	ϕ6 mm 键槽铣刀	自动
4	垂直进给，精铣槽底面	1 200	80	0.3	T02	ϕ6 mm 立铣刀	自动
5	精铣斜槽侧壁	1 200	80	0.3	T02	ϕ6 mm 立铣刀	自动
6	精铣圆弧槽侧壁	1 200	80	0.3	T02	ϕ6 mm 立铣刀	自动

5. 编制程序

任务二零件加工参考主程序如表8-14所示，斜槽粗加工的子程序如表8-15所示，圆弧槽粗加工的子程序如表8-16所示，斜槽精加工的子程序如表8-17所示，圆弧槽精加工的子程序如表8-18所示。

表8-14 零件加工参考主程序

程　　序	说　　明
O0001;	程序名
G54 G17 G90 G40;	调用工件坐标系，绝对坐标编程
M03 S1000 T01;	开启主轴
M98 P0010;	调用斜槽粗加工子程序
G51.1 X0;	沿 X 轴方向镜像
M98 P0010;	调用斜槽粗加工子程序
G51.1 Y0;	沿 Y 轴方向镜像
M98 P0010;	调用斜槽粗加工子程序
G51.1 X0 Y0;	沿中心点镜像
M98 P0010;	调用斜槽粗加工子程序
G50.1;	取消镜像
M98 P0020;	调用圆弧槽粗加工子程序
G68 X0 Y0 R120;	坐标轴旋转120°
M98 P0020;	调用圆弧槽粗加工子程序
G68 X0 Y0 R240;	坐标轴旋转240°
M98 P0020;	调用圆弧槽粗加工子程序
G69;	取消旋转功能
M05;	主轴停止
M00;	程序暂停
M03 S1200 T02;	设置精加工参数，换刀
M98 P0100;	调用斜槽精加工子程序
G51.1 X0;	沿 X 轴方向镜像
M98 P0100;	调用斜槽精加工子程序
G51.1 Y0;	沿 Y 轴方向镜像

程　　序	说　　明
M98 P0100；	调用斜槽精加工子程序
G51.1 X0 Y0；	沿中心点镜像
M98 P0100；	调用斜槽精加工子程序
G50.1；	取消镜像
M98 P0200；	调用圆弧槽精加工子程序
G68 X0 Y0 R120；	坐标轴旋转120°
M98 P0200；	调用圆弧槽精加工子程序
G68 X0 Y0 R240；	坐标轴旋转240°
M98 P0200；	调用圆弧槽精加工子程序
G69；	取消旋转功能
G00 Z100；	抬刀
M05；	主轴停止
M30；	程序结束

表 8 – 15　斜槽粗加工参考子程序

程　　序	说　　明
O0010；	程序名
G00 X30 Y45 Z5；	刀具移动到（X30，Y45）处
G01 Z – 2.7 F100；	下刀
G41 X15.193 Y40 D01；	建立刀具半径补偿到 A 点
X40 Y2.79；	加工直槽一侧到 B 点
G40 X45 Y6.91；	取消刀补
G41 X40 Y17.212 D01；	建立刀具半径补偿到 C 点
X24.807 Y40；	加工直槽一侧到 D 点
G40 X30 Y45；	取消刀补
G00 Z5；	抬刀
M99；	子程序结束

表 8-16　圆弧槽粗加工参考子程序

程　序	说　明
O0020；	程序名
G00 X13 Y3 Z5；	刀具移动到（X13，Y3）处
G01 Z-2.7 F100；	下刀
G41 X8 Y0 D01；	建立刀具半径补偿到 H 点
G03 X18 Y0 R5；	逆时针圆弧加工到 E 点
G03 X-12 Y30 R30；	逆时针圆弧加工到 F 点
G03 X-12 Y20 R5；	逆时针圆弧加工到 G 点
G02 X8 Y0 R20；	顺时针圆弧加工到 H 点
G01 G40 X13 Y3；	取消刀补
G00 Z5；	抬刀
M99；	子程序结束

表 8-17　斜槽精加工参考子程序

程　序	说　明
O0100；	程序名
G00 X30 Y45 Z5；	刀具移动到（X30，Y45）处
G01 Z-3 F80；	下刀
G41 X15.193 Y40 D01；	建立刀具半径补偿到 A 点
X40 Y2.79；	加工直槽一侧到 B 点
G40 X45 Y6.91；	取消刀补
G41 X40 Y17.212 D01；	建立刀具半径补偿到 C 点
X24.807 Y40；	加工直槽一侧到 D 点
G40 X30 Y45；	取消刀补
G00 Z5；	抬刀
M99；	子程序结束

表 8-18　圆弧槽精加工参考子程序

程　序	说　明
O0200；	程序名
G00 X13 Y3 Z5；	刀具移动到（X13，Y3）处

续表

程 序	说 明
G01 Z-3 F80;	下刀
G41 X8 Y0 D01;	建立刀具半径补偿到 H 点
G03 X-12 Y30 R20;	逆时针圆弧加工到 G 点
G03 X-12 Y20 R5;	顺时针圆弧加工到 F 点
G02 X18 Y0 R30;	顺时针圆弧加工到 E 点
G02 X8 Y0 R5;	顺时针圆弧加工到 H 点
G01 G40 X13 Y3;	取消刀补
G00 Z5;	抬刀
M99;	子程序结束

6. 零件加工

按表 8-14 ~ 表 8-18 所示程序加工零件。

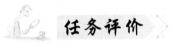
任务评价

教师与学生评价表参见附表，包括程序与工艺评分表、安全文明生产评分表、工件质量评分表和教师与学生评价表。表 8-19 所示为本工件的质量评分表。

表 8-19 工件质量评分表

工件质量评分表（40分）						
序号	考核项目	考核内容及要求	配分	评分标准	检测结果	得分
1	长度	(10 ± 0.05) mm（3处）	6	超差0.01扣1分		
		(8 ± 0.05) mm（4处）	8	每处超差0.01扣0.5分		
		$3^{+0.05}_{0}$ mm	2	超差0.01扣1分		
		12 mm（3处）	6	超差0.01扣1分		
		40 mm（2处）	4	超差0.01扣1分		
		80 mm（2处）	4	超差0.01扣1分		
2	圆弧	$R25$ mm（3处）	6	不合格不得分		
3	粗糙度	$Ra3.2$ μm	4	不合格不得分		
总分						

任务三　型腔的数控铣削综合编程与加工

 任务描述

　　如图 8 – 15 所示型腔综合零件，毛坯为 80 mm × 80 mm × 20 mm 的方形毛坯，材料为 45 钢。分析零件的加工工艺，编制该零件的加工程序，并在数控机床上加工。

 任务分析

1. 技术要求分析

　　如图 8 – 15 所示工件为一型腔综合零件，分析该零件有哪些技术要求，以及该零件有哪些有规律的特征要素。

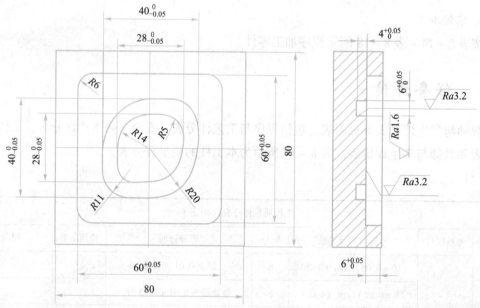

图 8 – 15　型腔综合零件

2. 编制加工程序
　　依据前个任务，能否编写该型腔综合零件的加工程序？

3. 加工方案
1）装夹方案

加工该零件应该如何进行装夹？

2）位置点选择

工件坐标系零点设置在什么位置最好？

二维码　立体图视频

4. 确定工艺路线

该零件的加工工艺路线应怎样安排？

 任务实施 ⟫

1. 图样分析

如图 8-15 所示，工件轮廓由宽度为 6 mm 的环形凹槽及 60 mm × 60 mm 的矩形凹槽构成。矩形凹槽深度为 6 mm，环形凹槽深度为 4 mm，并且环形凹槽的最小拐角半径为 R11 mm，矩形凹槽的拐角半径为 R6 mm。该零件的槽特征的深度方向及宽度方向均有尺寸公差控制，且工件槽的底面及侧面粗糙度为 Ra3.2 μm，加工中需安排粗铣加工和精铣加工。

2. 加工方案

1）装夹方式

平口钳装夹在工作台上，用百分表校正其位置；工件装夹在平口钳上，底部用垫块垫起，使加工表面高于钳口 5~10 mm。

2）工件坐标系建立

根据工件坐标系的建立原则，该零件工件坐标系建立在工件几何中心上较为合适，如图 8-16 所示。

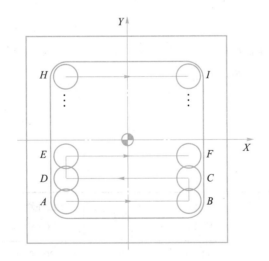

图 8-16 矩形腔粗加工行切路线

3）基点坐标计算

（1）粗加工矩形腔槽采用行切法，轮廓留加工余量 1 mm，行距为 9 mm，A，D，E，…，H 各点 X 坐标一样，Y 坐标依次扩大一个行距。B，C，F，…，I 各点也是 X 坐标一样，Y 坐标依次扩大一个行距，如图 8-16 中标出的点，各基点坐标值如表 8-20 所示。矩形腔精加工路线如图 8-17 所示，其各基点的坐标比较容易计算。

表 8-20　粗加工行切时刀具各点坐标值

基点	坐标 (X, Y)	基点	坐标 (X, Y)
A	$(-24, -24)$	B	$(24, -24)$
D	$(-24, -15)$	C	$(24, -15)$
E	$(-24, -6)$	F	$(24, -6)$
	$(-24, 3)$		$(24, 3)$
	$(-24, 12)$		$(24, 12)$
	$(-24, 21)$		$(24, 21)$
H	$(-24, 24)$	I	$(24, 24)$

（2）环形腔槽内外侧基点示意图如图 8-18 所示，各基点的坐标如表 8-21 所示。

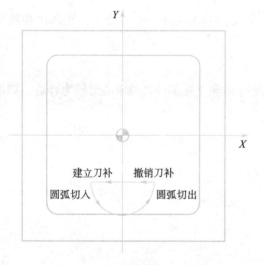

图 8-17　矩形腔精加工路线

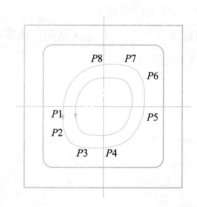

图 8-18　环形腔槽内外侧基点示意图

表 8-21　环形腔槽内外侧基点坐标值

基点	槽外侧 (X, Y)	槽内侧 (X, Y)	基点	槽外侧 (X, Y)	槽内侧 (X, Y)
$P1$	$(-20, 0)$	$(-14, 0)$	$P5$	$(20, 0)$	$(14, 0)$
$P2$	$(-20, -9)$	$(-14, -9)$	$P6$	$(20, 9)$	$(14, 9)$
$P3$	$(-9, -20)$	$(-9, -14)$	$P7$	$(9, 20)$	$(9, 14)$
$P4$	$(0, -20)$	$(0, -14)$	$P8$	$(0, 20)$	$(0, 14)$

3. 工艺路线确定

此零件应先加工矩形腔槽再加工中间环形腔槽。若先加工中间环形腔槽，一方面，槽较深，刀具易断；另一方面，加工矩形腔槽时会在环形腔槽中产生飞边，影响环形腔槽宽度尺寸。

矩形腔槽深度 6 mm，不能一次加工至深度尺寸，粗加工需分层铣削。在每一层表面加工中因铣刀直径是 10 mm，还需采用行切法和环切法切除多余材料，如图 8 - 16 所示。精加工采用圆弧切入、切出的方法以避免轮廓表面产生刀痕，如图 8 - 17 所示。环形腔槽深度为 4 mm，粗加工也应分两次进刀。槽两边曲线形状不同，应分别进行粗、精加工；粗、精加工可用同一程序，只需在加工过程中设置不同的刀具半径补偿值即可。

4. 制定工艺卡片

刀具的选择见表 8 - 22 刀具卡。

表 8 - 22　刀具卡

产品名称或代号			零件名称		零件图号	
序号	刀具号	刀具名称及规格	数量	加工表面	刀具直径/mm	备注
1	T01	高速钢键槽铣刀	1	垂直进给切削、粗铣矩形腔槽内轮廓	10	
2	T02	高速钢键槽铣刀	1	垂直进给切削、粗铣环形腔槽内轮廓	5	
3	T03	高速钢立铣刀	1	垂直进给切削、精铣矩形腔槽内轮廓	10	
4	T04	高速钢立铣刀	1	垂直进给切削、精铣环形腔槽内轮廓	5	

切削用量的选择见表 8 - 23 工序卡。

表 8 - 23　工序卡

数控加工工序卡		产品名称			零件名	零件图号
工序号	程序编号	夹具名称		夹具编号	使用设备	车间
工步号	工步内容	切削用量			刀具	备注
		主轴转速 $n/(\text{r} \cdot \text{min}^{-1})$	进给速度 $f/(\text{mm} \cdot \text{min}^{-1})$	背吃刀量 a_p/mm	编号	名称	
1	分层粗铣矩形腔，深度方向留 0.3 mm 精加工余量，侧壁留 1 mm 精加工余量	1 000	100	2	T01	φ10 mm 键槽铣刀	自动

工步号	工步内容	切削用量			刀具		备注
		主轴转速 $n/(\mathrm{r \cdot min^{-1}})$	进给速度 $f/(\mathrm{mm \cdot min^{-1}})$	背吃刀量 a_p/mm	编号	名称	
2	粗加工环形腔槽外侧面，深度方向留 0.3 mm 精加工余量	1 000	100	2	T02	ϕ5 mm 键槽铣刀	自动
3	粗加工环形腔槽里侧面，深度方向留 0.3 mm 精加工余量	1 000	100	2	T02	ϕ5 mm 键槽铣刀	自动
4	精铣矩形腔底面	1 200	60	0.3	T03	ϕ10 mm 立铣刀	自动
5	精铣矩形腔侧面	1 200	60	1	T03	ϕ10 mm 立铣刀	自动
6	精加工环形腔槽外侧面	1 200	60	0.3	T04	ϕ10 mm 立铣刀	自动
7	精加工环形腔槽里侧面	1 200	60	0.3	T04	ϕ10 mm 立铣刀	自动

5. 编制程序

任务三零件加工参考主程序如表 8-24 所示，矩形腔槽粗加工的子程序如表 8-25 所示，矩形腔槽精加工的子程序如表 8-26 所示，环形腔槽外侧加工的子程序如表 8-27 所示，环形腔槽里侧加工的子程序如表 8-28 所示。

表 8-24 零件加工参考主程序

程序	说明
O0001;	程序名
G54 G17 G90 G40;	调用工件坐标系，绝对坐标编程
M03 S1000 T01;	设置粗加工参数
G00 X-24 Y-24 Z5;	空间移动至 (X-24, Y-24, Z5) 点
G01 Z-2 F100;	下刀
M98 P0100;	粗加工矩形腔槽第一层
G01 Z-4 F100;	下刀

续表

程　序	说　明
M98 P0100；	粗加工矩形腔槽第二层
G01 Z－5.7 F100；	下刀
M98 P0100；	粗加工矩形腔槽第三层
G00 Z100；	抬刀
M05；	主轴停止
M00；	程序暂停
M06 T02	换刀
G55 M03 S1000；	设置粗加工参数
G41 X－20 Y0 D01；	空间建立刀具半径补偿
G01 Z－8 F100；	下刀
M98 P0300；	粗加工环形腔槽外侧面
G01 Z－9.7 F100；	下刀
M98 P0300；	粗加工环形腔槽外侧面
G00 Z5；	抬刀
G40 X－10 Y－10；	取消刀具半径补偿
G41 X－14 Y0 D01；	建立刀具半径补偿
G01 Z－8 F100；	下刀
M98 P0400；	粗加工环形腔槽里侧面
G01 Z－9.7 F100；	下刀
M98 P0400；	粗加工环形腔槽里侧面
G00 Z100；	下刀
G40 X0 Y0；	取消刀具半径补偿
M05；	主轴停止
M00；	程序暂停
M03 S1200 G56；	设置精加工参数
M06 T03；	换刀
G00 X－24 Y－24 Z5；	
G01 Z－6 F80；	下刀
M98 P0100；	精加工矩形腔槽底面
G00 Z5；	抬刀

程　　序	说　　明
X0 Y0；	空间移动
G01 Z－6 F80；	下刀
M98 P0200；	精加工矩形腔槽侧面
G00 Z100；	抬刀
M05；	主轴停止
M00；	程序暂停
M03 S1500 G57；	设置精加工参数
M06 T04；	换4号刀
G00 G41 X－20 Y0 D04；	建立刀具半径补偿至 P1 点
G01 Z－10 F80；	下刀
M98 P0300；	精加工环形腔槽外侧面
G00 Z5；	抬刀
G40 X－10 Y10；	取消刀具半径补偿
G41 X－14 Y0 D04；	建立刀具半径补偿至 P1 点
G01 Z－10 F80；	下刀
M98 P0400；	精加工环形腔槽外侧面
G00 Z10；	抬刀
G40 X0 Y0；	取消刀具半径补偿
M05；	主轴停止
M30；	程序结束

表 8－25　矩形腔槽粗加工参考子程序

程　　序	说　　明
O0100；	程序名
G01 X24 Y－24 F100；	加工矩形腔槽从 A 点行切至 I 点
Y－15；	
X－24；	
Y－6；	
X24；	

程　序	说　明
Y3；	
X－24；	
Y12；	
X24；	
Y21；	
X－24；	
Y24；	
X24；	
G00 Z5；	
X－24 Y－24；	
M99；	子程序结束

表 8－26　矩形腔槽精加工参考子程序

程　序	说　明
O0200；	程序名
G01 G41 X－5 Y－25 D03 F80；	建立刀具半径补偿
G03 X0 Y－30 R5；	圆弧切入
G01 X24；	沿矩形腔槽轮廓精加工
G03 X30 Y－24 R6；	
G01 Y24；	
G03 X24 Y30 R6；	
G01 X－24；	
G03 X－30 Y24 R6；	
G01 Y－24；	
G03 X－24 Y－30 R6；	
G01 X0；	
C03 X5 Y 2.5 R5；	圆弧切出
G01 G40 X0 Y0；	取消刀具半径补偿
M99；	子程序结束

表 8 – 27　环形腔槽外侧加工参考子程序

程　　序	说　　明
O0300；	程序名
G01 X – 20 Y – 9 F80；	直线加工至 $P1$ 点
G03 X – 9 Y – 20 R11；	圆弧加工至 $P2$ 点
G01 X0；	直线加工至 $P3$ 点
G03 X20 Y0 R20；	圆弧加工至 $P4$ 点
G01 Y9；	直线加工至 $P5$ 点
G03 X9 Y20 R11；	圆弧加工至 $P6$ 点
G01 X0；	直线加工至 $P7$ 点
G03 X – 20 Y0 R20；	圆弧加工至 $P8$ 点
M99；	子程序结束

表 8 – 28　环形腔槽里侧加工参考子程序

程　　序	说　　明
O0400；	程序名
G02 X0 Y14 R14 F80；	圆弧加工至 $P8$ 点
G01 X9；	直线加工至 $P7$ 点
G02 X14 Y9 R5；	圆弧加工至 $P6$ 点
G01 Y0；	直线加工至 $P5$ 点
G02 X0 Y – 14 R14；	圆弧加工至 $P4$ 点
G01 X – 9；	直线加工至 $P3$ 点
G02 X – 14 Y – 9 R5；	圆弧加工至 $P2$ 点
G01 Y0；	直线加工至 $P1$ 点
M99；	子程序结束

6. 零件加工

按表 8 – 24 ~ 表 8 – 28 所示程序加工零件。

 任务评价

教师与学生评价表参见附表，包括程序与工艺评分表、安全文明生产评分表、工件质量评分表和教师与学生评价表。表 8 – 29 所示为本工件的质量评分表。

表 8−29　工件质量评分表

工件质量评分表（40 分）						
序号	考核项目	考核内容及要求	配分	评分标准	检测结果	得分
1	长度	$60^{+0.05}_{0}$ mm（2 处）	6	超差 0.01 扣 1 分		
		$28^{0}_{-0.05}$ mm（2 处）	6	超差 0.01 扣 1 分		
		$40^{0}_{-0.05}$ mm（2 处）	6	超差 0.01 扣 1 分		
		$4^{+0.05}_{0}$ mm	3	超差 0.01 扣 1 分		
		$6^{+0.05}_{0}$ mm	3	超差 0.01 扣 1 分		
2	圆弧	$R6$ mm（4 处）	4	不合格不得分		
		$R11$ mm（2 处）	2	不合格不得分		
		$R5$ mm（2 处）	2	不合格不得分		
		$\phi40$ mm（2 处）	2	不合格不得分		
		$\phi28$ mm（2 处）	2	不合格不得分		
3	粗糙度	$Ra3.2$ μm	4	不合格不得分		
总分						

项目九　　**孔和螺纹的数控铣削编程与加工**

 学习情境

在常见的数控铣床加工中，多孔加工是很常见的加工方式。孔的主要作用是和销配合起定位作用，或者与螺栓配合起紧固作用。根据孔的工程作用的不同，对于孔内壁的粗糙度要求也不同。与销配合的内孔表面粗糙度需达到 $Ra3.2~\mu m$ 以上，与螺栓配合的孔则对内壁表面粗糙度基本没有要求。粗糙度的要求不同，则加工方法也有区别，这点在以后会有讲解。

另外，一般机械零部件的孔的加工均为孔系加工，则一次装夹加工多数的孔，对于单个孔的加工我们可以采用常用的 G01 来进行直接钻削，对于孔系则要采取钻孔循环的方式来进行加工。

在孔的加工中，根据所加工孔的深度不同，会涉及浅孔钻削和深孔钻削的问题，浅孔钻削可以一次成形，而深孔钻削则要考虑到排屑的问题，特别是钻削深度超过 200 mm 以上的，则要尤其注意。

【知识目标】

◇ 掌握浅孔钻削 G81、G82 指令；
◇ 掌握深孔钻削 G83 指令；
◇ 掌握子程序的编程方法；
◇ 掌握坐标平移的编程方法。

榜样故事9
《大国重器》"刀客"
桂玉松：毫发之间
钻出大国重器

【能力目标】

◇ 能进行零件图的分析，从零件图中了解零件的技术要求，零件的结构及几何形状，零件的尺寸精度、形位精度、表面精度等指标；

◇ 能根据所加工的零件正确选择加工设备、确定装夹方案、选择刃具量具、确定工艺路线、编制工艺卡和刀具卡；

◇ 能用编制浅孔、深孔钻削数控循环加工程序，并能应用坐标平移、旋转，子程序功能来简化编程。

【思政目标】

◇ 小组学习的过程中，具备发现问题解决问题的能力；具有团队协作，提炼总结，科学合理制定、实施工作计划的能力；

◇ 上机床操作具备良好的心理素质和克服困难的能力；

◇ 成果展示阶段，具有进行自我批评和自我检查的能力。

任务一　浅孔、深孔的数控铣削编程与加工

 任务描述

如图 9-1 和图 9-2 所示孔系，分析零件的加工工艺，编制其孔的加工程序，并在数控机床上加工。

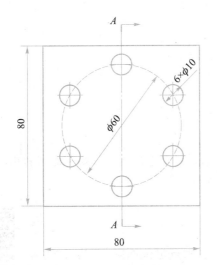

二维码　立体图视频

图 9-1　浅孔钻削

 任务分析

1. 技术要求分析

零件图有哪些技术要求？

2. 加工方案

1）装夹方案

加工零件应采用何种装夹方案？以什么位置为定位基准？

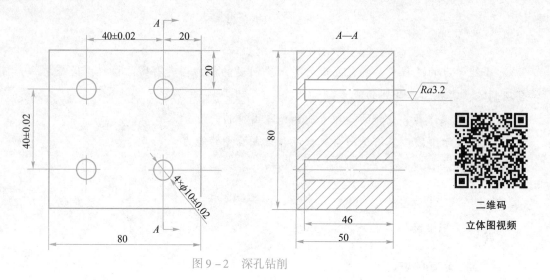

图 9 – 2　深孔钻削

2）位置点选择

（1）工件零点设置在什么位置最好？

（2）孔的加工顺序应如何设置？

3. 确定工艺路线

零件的加工工艺路线应怎样安排？

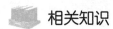 **相关知识**

（一）孔系的加工工艺

孔系的加工工艺，要根据实际图样的技术要求来进行确定，要考虑到麻花钻、立式铣刀的加工特点。孔的种类主要分为深孔和浅孔两大类。

1. 零件的装夹

1）定位基准的选择

在加工中心加工时，零件的定位仍应遵循六点定位原则。同时，还应特别注意以下几点：

视频 9 – 1 – 1：
零件的装夹

（1）进行多工位加工时，定位基准的选择应考虑能完成尽可能多的加工内容，即便于各个表面都能被加工的定位方式。例如，对于箱体零件，尽可能采用一面两销的组合定位方式。

（2）当零件的定位基准与设计基准难以重合时，应认真分析装配图样，明确该零件设计基准的设计功能，通过尺寸链的计算，严格规定定位基准与设计基准间的尺寸位置精度要求，确保加工精度。

（3）编程原点与零件定位基准可以不重合，但两者之间必须要有确定的几何关系。编程原点的选择主要考虑便于编程和测量。

2）夹具的选用

在加工中心上，夹具的任务不仅是装夹零件，而且要以定位基准为参考基准确定零件的加工原点。因此，定位基准要准确可靠。如图9-2所示的孔的位置是以外轮廓的上表面和右表面为定位基准的，所以可以采用台虎钳装夹，以定位基准靠紧固定钳口，以保证孔的位置精度。

3）零件的夹紧

在考虑夹紧方案时，应保证夹紧可靠，并尽量减少夹紧变形。在台虎钳上装夹工件，如果工件过薄，则不可避免地产生夹紧变形，加工上表面后可造成靠近钳口两边的厚度大而中间的厚度小的问题，具体夹紧力度要根据实际情况和经验而定。

2. 刀具的选择

选用刀具的基本要求如下：

（1）良好的切削性能。能承受高速切削和强力切削，并且性能稳定。

（2）较高的精度。刀具的精度指刀具的形状精度和刀具与装卡装置的位置精度。

视频9-1-2：刀具的选择及切削用量的选择

（3）配备完善的工具系统。满足多刀连续加工的要求。

本任务中所选用的刀具有麻花钻与立式铣刀，根据孔的尺寸精度及粗糙度要求不同选用不同的刀具。麻花钻的尺寸加工精度一般为IT10级左右，也就是说，图9-1和图9-2所示的$\phi10$ mm的孔直接钻削会有0.1 mm左右的误差。图9-1对于孔径尺寸没有标注公差，则为自由公差，可以直接使用$\phi10$的钻头加工；图9-2的孔直径有±0.02 mm的尺寸公差要求，并且粗糙度要求为$Ra3.2$ μm，则需要先使用小钻头钻沉刀孔，然后使用$\phi10$ mm立铣刀进行精加工。因此，为图9-1选用$\phi10$ mm麻花钻，为图9-2选择$\phi9$ mm麻花钻和$\phi10$ mm立铣刀两把刀具加工。

3. 切削用量与切削液的选择

切削用量三要素为：背吃刀量、进给速度和切削速度。在切槽时要根据刀具的材料、工件的材料及加工的深度合理选择切削用量。在钻削加工中，由于全部为满刀加工，所以主要考虑的是进给速度和主轴转速。对于如图9-1和图9-2所示的$\phi10$ mm孔来说，根据机械加工手册，进给速度一般选择$200\sim300$ mm/min。根据机械加工手册，切削速度对于高速钢刀具应为21m/min以下，根据图9-1，刀具直径应为$\phi10$ mm，则主轴转速应为$n = 1\,000v_c/(\pi d) = 1\,000\times21/(3.14\times10)\approx668$（r/min），约等于700 r/min。根据图9-2，刀具直径应为$\varphi9$ mm，则主轴转速应为$n = 1\,000v_c/(\pi d) = 1\,000\times21/(3.14\times9)\approx743$（r/min），约等于750 r/min。图9-2中的立式铣刀精加工时使用的是合金涂层铣刀，可以选择3 000 r/min左右。

孔加工中切削液的主要作用是降温和排屑，所以采用流动性好的5%浓度乳化液即可。

4. 孔的加工方法

1）孔系的加工顺序选择

对位置精度要求较高的孔系加工，要特别注意安排孔的加工顺序，安排不当，就有可能将传动副的反向间隙带入，直接影响位置精度。例如，安排图9-3（a）所示零件的孔系加工顺序时，若按图9-3（b）的路线加工，由于孔5、6与孔1、2、3、4在 Y 向的定位方向相反，Y 向反向间隙会使误差增加，从而影响孔5、6与其他孔的位置精度。按图9-3（c）所示路线，可避免反向间隙的引入。

视频 9-1-3：加工路线的确定和切削用量的选择

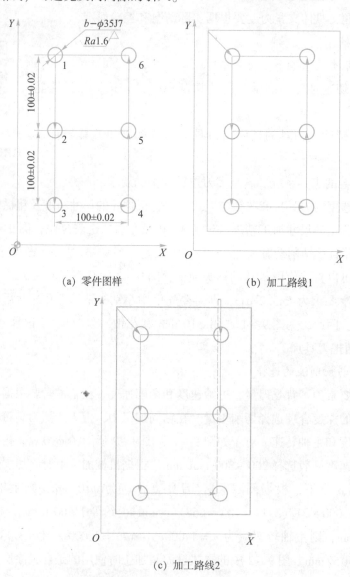

(a) 零件图样　　　　(b) 加工路线1

(c) 加工路线2

图 9-3　孔加工路线

2）根据孔的深浅来确定加工路线

钻头的加工方式与立式铣刀不同。钻头的钻心处切削刃前角为负，尤其是横刃，在切削时产生刮削挤压，切屑呈粒状被压碎。钻心处直径几乎为0，切削速度也为0，但仍有进给运动，导致钻削轴向力增大。主切削刃各点前角、刃倾角不同，使切屑变形、卷曲，流向也不同，造成排屑比较困难。而且在钻削深孔的时候，切屑以卷屑的形式沿着螺旋槽流出，由于孔比较深，切屑排除困难，易造成切屑堆积而增大切削力造成断刀。孔比较深的时候切削液也不容易流入切削表面，使切削表面温度升高，切削环境比较恶劣。所以浅孔和深孔要采用不同的切削方法，浅孔加工时可用如图9-4所示方式直接钻削到底；深孔加工时则要用如图9-5所示一进一退式以强化排屑。

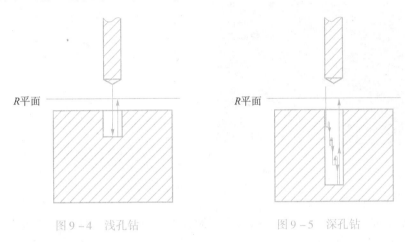

图9-4 浅孔钻　　　　　　　　图9-5 深孔钻

3）根据尺寸精度与粗糙度选择工序

一般麻花钻的径向尺寸加工精度为IT10级左右，如图9-1和图9-2所示φ10 mm孔，则加工径向尺寸会有0.1 mm左右的偏差。图9-1没有对孔的径向标注公差要求，则视为自由公差，可以直接钻削加工。图9-2对孔标注公差为±0.02 mm，则直接钻削不能达到要求，需要先钻削再铣削。

麻花钻直接钻削的孔的粗糙度一般大于$Ra6.4$ μm，图9-1没有标注孔的粗糙度要求，则直接用麻花钻钻削即可；图9-2则要求孔壁的粗糙度为$Ra3.2$ μm，需要先钻削再铣削。

4）孔的加工深度的计算

由于麻花钻在对刀时是以钻尖对刀，如图9-6所示，而图样标注的孔深为满直径的孔的深度，所以孔加工的编程深度要以图样标注孔深加上钻尖的高度之和来表达。

如图9-7所示，麻花钻的刀尖角度一般为118°，约等于120°，取120°为例。如图9-2所示，要求孔加工深度为46 mm，使用的钻头为φ9 mm麻花钻，则编程的钻削深度为：

$$H = h + \frac{d}{2} \Big/ \tan \frac{\alpha}{2}$$

其中：H——编程的钻削深度，mm；

　　　h——图9-2中要求的孔加工深度，mm；

　　　d——麻花钻钻头的直径，mm；

　　　α——麻花钻的刀尖角度，一般为118°，取120°。

代入数值得，$H = h + \dfrac{d}{2}\tan\dfrac{\alpha}{2} = 46 + \dfrac{9}{2}\Big/ \tan\dfrac{120°}{2} \approx 48.6$（mm）

5. 孔系编程中应注意的问题

（1）应以与基准有关联的孔作为第一孔加工。

（2）应合理设置安全平面，防止刀具在快速移动时与工件发生干涉导致刀具折断。

（3）钻削时应根据钻削深度合理选择进给速度与主轴转速。

图 9 - 6　麻花钻对刀

图 9 - 7　麻花钻刀尖角度

6. 孔的检查和测量

对于精度要求比较低的孔的直径可以采用游标卡尺进行内卡测量，但是这种测量方式由于没有好的定位方式，测量精度比较低；精度要求高的孔径可以采用标准塞规（图 9 - 8）或者内径千分尺（图 9 - 9）进行检查。

图 9 - 8　塞规测孔

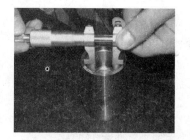
图 9 - 9　内径千分尺测孔

对孔位置测量，由于孔壁为圆弧面，标准的量具定位不精确，一般采用插入心轴进行间接测量的方式进行，如图 9 - 10 所示。

（二）编程指令

FANUC - 0i 系统设有固定循环功能，它规定对于一些典型孔加工中的固定、连续的动作，用一个 G 指令表达，即用固定循环指令来选择孔加工方式。

常用的固定循环指令能完成的工作有钻孔、攻螺纹和镗孔等。这些循环通常包括下列六个基本操作动作：

（1）在 XY 平面定位。

（2）快速移动到 R 平面。

（3）孔的切削加工。

（4）孔底动作。

（5）返回到 R 平面。

（6）返回到起始点。

视频 9 - 1 - 4：
钻孔循环指令

图 9 - 11 中实线表示切削进给，虚线表示快速运动。R 平面为在孔口时，快速运动与进给运动的转换位置。

常用的固定循环有高速深孔钻循环、螺纹切削循环、精镗循环等。

编程格式：G90 /G91 G98/G99 G73 ~ G89 X ＿ Y ＿ Z ＿ R ＿ Q ＿ P ＿ F ＿ K ＿;

其中：G90/G91——绝对坐标编程或增量坐标编程；

G98——返回起始点；

G99——返回 R 平面；

G73 ~ G89——孔加工方式，如钻孔加工、高速深孔钻加工、镗孔加工等；

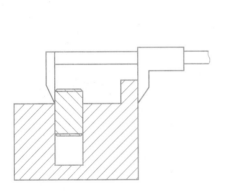

图 9 - 10 孔距间接测量

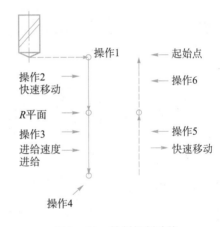

图 9 - 11 钻削切削路线

X，Y——孔的位置坐标；

Z——孔底坐标；

R——安全面（R 面）的坐标。增量方式时，为起始点到 R 面的增量距离；绝对方式时，为 R 面的绝对坐标；

Q——每次切削深度；

P——孔底的暂停时间；

F——切削进给速度；

K——规定重复加工次数。

固定循环由 G80 或 01 组 G 代码撤销。

1. 钻孔循环指令（G82）钻孔循环走刀路线

指令格式：G82 X ＿ Y ＿ Z ＿ R ＿ P ＿ F ＿ K ＿;

其中：X，Y——孔位数据；

Z——孔底深度（绝对坐标）；

R——每次下刀点或抬刀点（绝对坐标）；

P——在孔底的暂停时间（单位：ms）；

F——切削进给速度（单位：mm/min）；

K——重复次数（如果需要的话）。

钻孔循环路径如图9-12所示。

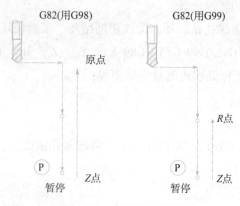

图9-12　钻孔循环路径

2. 高速深孔钻循环指令（G73）

G73用于深孔钻削，在钻孔时采取间断进给，有利于断屑和排屑，适合深孔加工。

指令格式：G73 X＿ Y＿ Z＿ R＿ Q＿ F＿ K＿；

其中：Q——每次钻削的进刀量；其余指令如上。

图9-13所示为高速深孔钻加工的工作过程。其中 Q 为增量值，指定每次切削深度。d 为排屑退刀量，由系统参数设定。切削路线如图9-13所示。

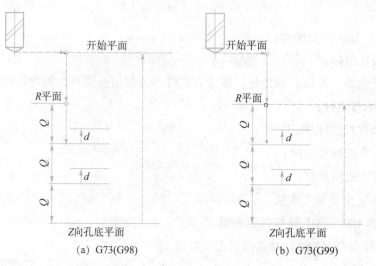

(a) G73(G98)　　　　　　　(b) G73(G99)

图9-13　高速深孔钻循环

练一练

【例 9 – 1】　如图 9 – 14 所示零件，毛坯材料为铝合金，编写孔加工程序。

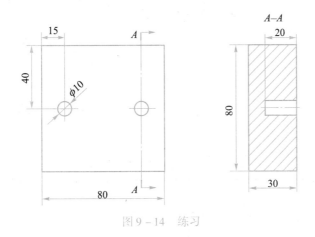

图 9 – 14　练习

如图 9 – 14 所示，孔深为 20 mm，为浅孔，编程的孔深根据上面所讲为 $H = (20 + 5/\sqrt{3})\,\text{mm} = 22.9\,\text{mm}$；孔径没有标注公差，为自由公差，则直接用钻头钻削；左孔为标注中心位置的孔，故先加工。本例中孔加工程序如表 9 – 1 所示。

表 9 – 1　浅孔加工参考程序

程　序	说　明
O0001；	程序名
G54 G90 G40；	设定坐标系、绝对值编程方法、取消刀具补偿
G00 X0 Y0 Z50；	刀具走刀到（0，0，50）点
M03 S700；	主轴正转，转速为 700 r/min
G82 X – 25 Y0 Z – 22.9 R5 P1000 F300；	钻削（–25，0）孔，深度 22.9 mm，孔底停留 1 s
X25 Y0；	钻削（25，0）孔，参数同上
G00 X0 Y0 Z200；	刀具返回到安全位置
M05；	主轴停
M30；	程序结束

【例 9 – 2】　如图 9 – 15 所示零件，毛坯材料为铝合金，编写孔加工程序。

如图 9 – 15 所示，孔深为通孔，深度大于 50 mm，故为深孔，应采用 G73 深孔钻循环；左上孔为基准孔，先加工；孔的实际编程深度应大于 $H = 50 + 5/\sqrt{3}\,\text{mm} = 52.9\,\text{mm}$，取 55。

例中零件的加工程序如表 9 – 2 所示。

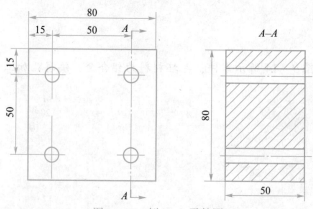

图 9 – 15 例 9 – 2 零件图

表 9 – 2 深孔钻循环参考程序

程 序	说 明
O0001；	程序名
G54 G90 G40；	设定工件坐标系、绝对值编程方法、取消刀具补偿
G0 X0 Y0 Z50；	定位到安全点（0，0，50）
M03 S700；	主轴正传，转速 700 r/min
G73 X – 25 Y25 Z – 55 R5 Q15 F300；	深孔钻循环，深度 55 mm，每进刀 15 mm 退刀一次
X – 25 Y – 25；	加工（– 25，– 25）孔
G00 X25 Y30；	快速定位到第三孔上方，消除反向间隙
G73 X25 Y25 Z – 55 R5 Q15 F300；	加工第三孔，参数同上
X25 Y – 25；	加工第四孔，参数同上
G00 X0 Y0 Z200；	返回到安全点（0，0，200）
M05；	主轴停
M30；	程序结束

 任务实施

1. 图样分析

图 9 – 1 孔径向无尺寸精度要求，可采用 φ10 mm 麻花钻直接钻削；孔壁无粗糙度要求，可直接钻削；孔间距无公差要求，可选择就近孔连续钻削。

图 9 – 2 孔径尺寸公差 ±0.02 mm，需要精加工；孔壁粗糙度要求 $Ra3.2$ μm，需要精加工；孔间距公差 ±0.02 mm，需要考虑反向间隙的消除。

2. 加工方案

1）装夹方案

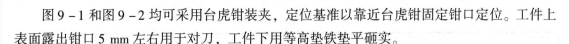

图 9 – 1 和图 9 – 2 均可采用台虎钳装夹，定位基准以靠近台虎钳固定钳口定位。工件上表面露出钳口 5 mm 左右用于对刀，工件下用等高垫铁垫平砸实。

2）位置点

（1）工件零点。设置在矩形工件的中心。

（2）起刀点。一般选择在工件零点的上方 50 mm 处，主要的作用一是刀具靠近工件，减小快速进刀路线长度；二是可以通过定位点位置检验对刀的正确性。

3. 工艺路线确定

（1）使用盘形铣刀铣削工件上表面。

（2）图 9 – 1 直接使用 φ10 mm 麻花钻钻削；图 9 – 2 先使用 φ9 mm 麻花钻钻削沉刀孔。

（3）图 9 – 2 换 φ10 mm 立铣刀精加工孔。

4. 制定工艺卡片

刀具的选择见表 9 – 3 刀具卡。

表 9 – 3　刀具卡

产品名称或代号			零件名称		零件图号	
序号	刀具号	刀具名称及规格	数量	加工表面	刀具直径/mm	备注
1	T01	45°盘形铣刀	1	平上表面	80	
2	T02	φ9 mm 麻花钻	1	钻沉刀孔	9	
3	T03	φ10 mm 麻花钻	1	钻孔	10	
4	T04	φ10 mm 立铣刀	1	精加工孔	10	

切削用量的选择见表 9 – 4 和表 9 – 5 所示工序卡。

表 9 – 4　图 9 – 1 工序卡

数控加工工序卡		产品名称			零件名	零件图号
工序号	程序编号	夹具名称		夹具编号	使用设备	车间
工步号	工步内容	切削用量			刀具	备注
		主轴转速 $n/(\text{r} \cdot \text{min}^{-1})$	进给速度 $f/(\text{mm} \cdot \text{min}^{-1})$	背吃刀量 a_p/mm	编号	名称	
1	平上表面	1 200	500	1	T01	45°盘形铣刀	手动
2	钻削孔系	700	300		T03	φ10 mm 麻花钻	自动

表9-5 图9-2工序卡

数控加工工序卡		产品名称		零件名	零件图号
工序号	程序编号	夹具名称	夹具编号	使用设备	车间
工步号	工步内容	切削用量		刀具	备注
		主轴转速 $n/(r \cdot min^{-1})$	进给速度 $f/(mm \cdot min^{-1})$	背吃刀量 a_p/mm	编号	名称	
1	平上表面	1 200	500	1	T01	45°盘形铣刀	手动
2	钻削沉刀孔	750	300		T02	ϕ9 mm 麻花钻	自动
3	精加工孔	3 000	1 800		T04	ϕ10 mm 立铣刀	

5. 编制程序

图9-1和图9-2所示孔系参考程序见表9-6和表9-7。

表9-6 图9-1所示孔系参考程序

程 序	说 明
O0001；	程序名
G00 X0 Y0 Z50；	定位到起刀点（0，0，50）
M03 S700；	主轴正转，转速700 r/min
G82 X0 Y30 Z-25 R5 P2000 F300；	浅孔钻削第一孔，安全平面为 Z5，孔底停留2s
X-25.98 Y15；	钻削第二孔
X-25.98 Y-15；	钻削第三孔
X0 Y-30；	钻削第四孔
X25.98 Y-15；	钻削第五孔
X25.98 Y15；	钻削第六孔
G00 X0 Y0 Z200；	返回到安全位置
M05；	主轴停
M30；	程序结束

表9-7 图9-2所示孔系参考程序

程 序	说 明
O0002；	程序名
G00 X0 Y0 Z50；	定位到起刀点（0，0，50）
M03 S750；	主轴正转，转速750 r/min
G73 X20 Y20 Z-48.6 R5 Q15 F300；	深孔钻削第一孔，安全平面为Z5，每次进刀15 mm
X20 Y-20；	钻削第二孔
G00 X-20 Y30；	定位到第三孔上方，消除反向间隙
G73 X-20 Y20 Z-48.6 R5 Q15 F300；	钻削第三孔
X-20 Y-20；	钻削第四孔
T04；	倒库准备4号刀具
M06；	主轴准停，自动换刀
G55 M03 S3000；	使用立铣刀坐标系，主轴正转，转速3 000 r/min
G00 X0 Y0 Z50；	定位到起刀点
G82 X20 Y20 Z-46 R5 P1000 F1800；	使用立铣刀扩孔，采用浅孔钻命令
X20 Y-20；	扩第二孔
G00 X-20 Y30；	定位第三孔上方，消除反向间隙
G82 X-20 Y20 Z-46 R5 P1000 F1800；	扩第三孔
X-20 Y-20；	扩第四孔
G00 X0 Y0 Z200；	刀具退回到安全位置
M05；	主轴停
M30；	程序结束

6. 零件加工

按表9-6和表9-7所示程序加工零件上的孔。

任务评价

教师与学生评价表参见附表，包括程序与工艺评分表、安全文明生产评分表、工件质量评分表和教师与学生评价表。表9-8所示为本工件的质量评分表。

表9－8　工件质量评分表

工件质量评分表（40分）						
序号	考核项目	考核内容及要求		配分	评分标准	检测结果	得分
1	孔径（4处）	$\phi 10$ mm	IT	16	超差0.01扣1分		
			Ra3.2 μm	10	降一级扣1分		
2	孔深（4处）	46 mm	IT	8	超差0.01扣1分		
3	中心距（2处）	20 mm	IT	6	超差0.01扣1分		
总分							

任务二　螺纹的数控铣削编程与加工

 任务描述

如图9－16和图9－17所示，分析零件的加工工艺，编制其孔和螺纹的加工程序，并在数控机床上加工。

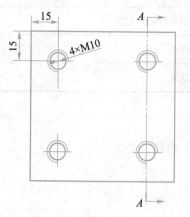
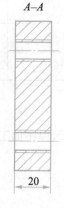

二维码
立体图视频

图9－16　攻螺纹

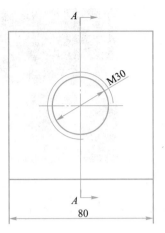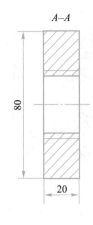

二维码 立体图视频

图 9 – 17 螺纹铣削

 任务分析

1. 技术要求分析

零件图有哪些技术要求？

2. 加工方案

1）装夹方案

加工零件应采用何种装夹方案？以什么位置为定位基准？

2）位置点选择

（1）工件零点设置在什么位置最好？

（2）孔和螺纹的加工顺序应如何设置？

3. 确定工艺路线

零件的加工工艺路线应怎样安排？

 相关知识

（一）螺纹的基础知识及螺纹的加工工艺

1. 螺纹的加工方法

数控铣床上螺纹的加工方法大体有两种，分别为攻螺纹法和螺纹镗刀铣削法。如图 9 – 18 所示为攻螺纹法，图 9 – 19 所示为铣削法。

2. 切削用量的选择

1）切削速度

（1）攻螺纹法：攻螺纹法切削速度要配合主轴转速而定，主轴每转一圈丝锥前进一个导程。

图 9 – 18　攻螺纹法　　　　　　　　图 9 – 19　铣削法

（2）铣削法：由于目前的高速铣削刀具应用非常普遍，切削速度得到了很大的提高。铣削法铣削螺纹的主轴转速 $n > 3\,000$ r/min，进给速度 $f > 2\,000$ mm/min。没有具体要求，可根据刀具材料及工件材料酌定。

2）背吃刀量

铣削时应遵循后一刀的背吃刀量不能超过前一刀背吃刀量的原则，即递减的背吃刀量分配方式，否则会因切削面积的增加、切削力过大而损坏刀具。但为了改善螺纹的表面粗糙度，用硬质合金螺纹镗刀时，最后一刀的背吃刀量不能小于 0.1 mm。

3）进给速度

（1）攻螺纹法的进给速度要配合主轴转速而定，主轴每转一圈则刀具要进给一个螺距（导程），所以攻螺纹时 $f = P \times n$。

（2）铣削螺纹由于是断续切削，刀具的转矩很小，而且目前的合金涂层刀具适用于高速切削，一般选择 $f > 1\,800$ r/min 为宜。

（二）螺纹加工的编程方法

1. 攻螺纹法

1）丝锥的选用

攻螺纹加工的螺纹多为三角螺纹，为零件间连接结构，常用攻螺纹加工的螺纹有：牙型角为 60° 的普通螺纹；牙型角为 55° 的英制螺纹；用于管道连接的英制管螺纹和圆锥管螺纹。本节主要涉及的攻螺纹加工的是普通内螺纹。

丝锥是加工内螺纹的一种常用刀具，其基本结构是一个轴向开槽的外螺纹，如图 9 – 20 和图 9 – 21 所示。螺纹部分可分为切削锥部分和校准部分。切削锥磨出锥角，以便逐渐切去全部余量；校准部分有完整齿形，起修光、校准和导向作用。工具尾部通过夹头和标准锥柄与机床主轴锥孔连接。

攻螺纹加工的实质是用丝锥进行成形加工，丝锥的牙型、螺距、螺旋槽形状、倒角类型、丝锥的材料、切削的材料和

图 9 – 20　常见丝锥

刀套等因素，影响内螺纹孔加工的质量。

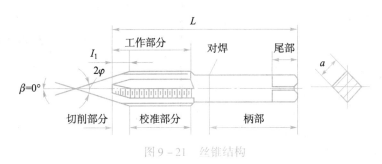

图 9 – 21 丝锥结构

根据丝锥倒角长度的不同，丝锥可分为平底丝锥、插丝丝锥、锥形丝锥。丝锥倒角长度影响数控机床加工中的编程深度数据。

丝锥的倒角长度可以用螺纹线数表示，锥形丝锥的常见线数为 8 ~ 10，插丝丝锥为 3 ~ 5，平底丝锥为 1 ~ 1.5。各种丝锥的倒角角度也不一样，通常锥形丝锥为 4° ~ 5°，插丝丝锥为 8° ~ 13°，平底丝锥为 25° ~ 35°。

盲孔加工通常需要使用平底丝锥，通孔加工大多数情况下选用插丝丝锥，极少数情况下也使用锥形丝锥。总的来说，倒角越长，钻孔留下的深度间隙就越大。

与不同的丝锥刀套连接，丝锥分两种类型：刚性丝锥和浮动丝锥（张力补偿型丝锥），如图 9 – 22 和图 9 – 23 所示。

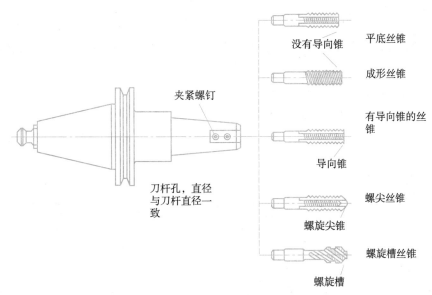

图 9 – 22 刚性丝锥

浮动丝锥刀套的设计给丝锥一个和于动攻螺纹所需的类似的"感觉"，这种类型的刀套允许丝锥在一定的范围缩进或伸出，而且，浮动刀套的可调转矩可以改变丝锥张紧力。

使用刚性丝锥则要求数控机床控制器具有同步运行功能，攻丝时，必须保持丝锥导程和主轴转速之间的同步关系：进给速度 = 导程 × 转速。

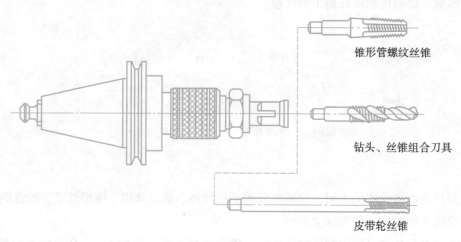

图 9 - 23　浮动丝锥

除非数控机床具有同步运行功能，支持刚性攻螺纹，否则应选用浮动丝锥，但浮动丝锥较为昂贵。

浮动丝锥攻螺纹时，将进给率适当下调5%，将有更好的攻螺纹效果，当给定的 Z 向进给速度略小于螺旋运动的轴向速度时，丝锥切入孔中几牙后，丝锥将被螺旋运动向下引拉到攻螺纹深度，有利于保护浮动丝锥，一般地，攻螺纹刀套的拉伸要比刀套的压缩更为灵活。

数控机床有时还使用一种叫成组丝锥的刀具，其工作部分相当于 2~3 把丝锥串联起来，依次承担着粗、精加工。这种结构适用于高强度、高硬度材料或大尺寸、高精度的螺纹加工。

2）数控机床攻丝工艺与编程要点

（1）攻螺纹动作过程，如图9-24所示。

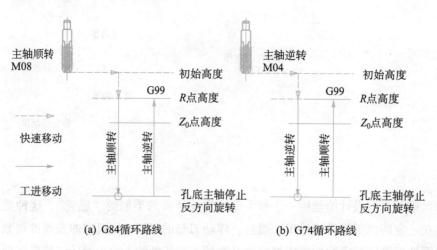

(a) G84循环路线　　　　(b) G74循环路线

图 9 - 24　加工右旋螺纹 G84 循环和加工左旋螺纹 G74 循环

攻螺纹是 CNC 铣床和 CNC 加工中心上常见的孔加工内容，首先把选定的丝锥安装在专用攻螺纹刀套上，最好是具有拉伸和压缩特征的浮动刀套。攻螺纹步骤如下：

第 1 步：X、Y 定位。

第 2 步：选择主轴转速和旋转方向。

第 3 步：快速移动至 R 点。

第 4 步：进给运动至指定深度。

第 5 步：主轴停止。

第 6 步：主轴反向旋转。

第 7 步：进给运动返回。

第 8 步：主轴停止。

第 9 步：快速返回初始位置。

第 10 步：重新开始主轴正常旋转。

如图 9 – 24 所示，G74 循环用于加工左旋螺纹，执行该循环时，主轴反转，在 XY 平面快速定位后快速移动到 R 点，执行攻螺纹到达孔底后，主轴正转退回到 R 点，主轴恢复反转，完成攻螺纹动作。

G84 动作与 G74 基本类似，只是 G84 用于加工右旋螺纹。执行该循环时，主轴正转，在 G17 平面快速定位后快速移动到 R 点，执行攻螺纹到达孔底后，主轴反转退回到 R 点，主轴恢复正转，完成攻螺纹动作。

攻螺纹时进给率根据不同的进给模式指定。当采用 G94 模式时，进给速度 = 导程 × 转速。当采用 G95 模式时，进给量 = 导程。在 G74 与 G84 攻螺纹期间，进给倍率、进给保持均被忽略。

（2）攻螺纹循环（G84/G74）

攻左旋螺纹：G74 X ＿ Y ＿ Z ＿ R ＿ P ＿ F ＿；

攻右旋螺纹：G84 X ＿ Y ＿ Z ＿ R ＿ P ＿ F ＿；

其中：G74/G84——左、右旋攻螺纹指令；

　　　X,Y——所需攻螺纹孔坐标；

　　　Z——攻螺纹深度；

　　　R——R 平面位置；

　　　P——孔底暂停时间；

　　　F——进给速度（进给速度尤其需要注意，必须与主轴速度配合设定）。

视频 9 – 2 – 1：
攻丝循环指令

练一练

【例 9 – 3】　试用攻螺纹循环编写如图 9 – 25 中两螺纹孔的加工程序。

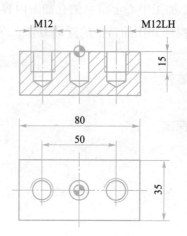

图 9 – 25　例 9 – 3 零件图

用攻螺纹循环编写的螺纹孔的加工程序如表 9 – 9 所示。

表 9 – 9　例 9 – 3 零件加工参考程序

程　序	说　明
O0001；	程序号
…	
N050 G95 G90 G00 X0 Y0；	准备加工螺纹，刀具到定位点
M03 S100	主轴正转，转速 100 r/min
G99 G84 X – 25.0 Y0 Z – 24 R10.0 F175；	开始攻螺纹，深度 24 mm，每转进给 1.75 mm，1.75 即为螺距
…	
M04 S100；	主轴反转
G98 G74 X25 Y0 Z – 24 R10 F175；	加工左旋螺纹
G80 G94 G91 G28 Z0；	
…	

2. 铣削法

1) 铣削螺纹基础

螺纹的铣削法一般是在螺纹大径比较大，攻螺纹法无法实现的情况下采用，对于数控铣床攻螺纹不同于气动式攻螺纹机，数控铣床属于刚性攻螺纹，如果丝锥直径过大，产生比较大的转矩，丝锥就会折断。这时只能采用铣削螺纹的方法来实现。

螺纹铣削时的圆周运动产生螺纹直径，同时垂直方向的移动产生螺距，如图 9 – 26 所示。

铣削方式如图 9 – 27 ~ 图 9 – 30 所示。

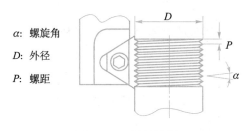

α: 螺旋角
D: 外径
P: 螺距

图 9 – 26　螺纹铣制

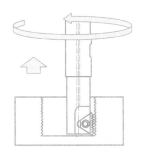

图 9 – 27　右手内螺纹

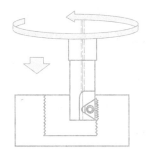

图 9 – 28　左手内螺纹

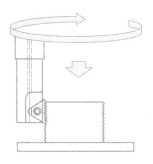

图 9 – 29　右手外螺纹

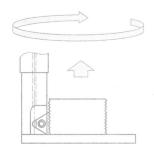

图 9 – 30　左手外螺纹

图 9 – 27 为铣削右手内螺纹,铣削时刀杆逆时针旋转,同时沿 Z 轴向上运动;

图 9 – 28 为铣削左手内螺纹,铣削时刀杆逆时针旋转,同时沿 Z 轴向下运动;

图 9 – 29 为铣削右手外螺纹,铣削时刀杆顺时针旋转,同时沿 Z 轴向下运动;

图 9 – 30 为铣削左手外螺纹,铣削时刀杆顺时针旋转,同时沿 Z 轴向上运动。

2) 螺纹铣削的优缺点

优点:可采用高速切削和快速进给,节省加工时间;同一把刀具可以完成左右手螺纹的加工;同一个刀杆适用于内外螺纹的加工;同一个刀杆适用于不同螺距规格的刀片;可以获得良好的表面粗糙度;铣削方式比攻螺纹方式刀具的转矩小;同一把刀具可以加工螺距相同直径不同的螺纹。

缺点:采用螺纹铣削加工的螺纹不能太深,因为螺纹铣刀单边受力,如果太深会引起刀具变形,那么铣削出的螺纹会有一定的锥度。用丝锥可以有效地加工深螺纹。

3）编程方法

采用螺纹铣削加工的先决条件是机床具备螺旋插补功能，当然目前的全功能型机床都可加工。加工路线如图9－31所示。

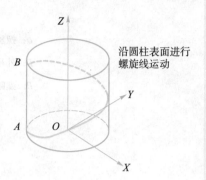

沿圆柱表面进行螺旋线运动

图9－31　螺纹铣削加工路线

在数控机床系统中该功能有两种方法实现：G02沿顺时针螺旋插补；G03沿逆时针螺旋插补。

编程指令：G02/G03 X ＿ Y ＿ I ＿ J ＿ Z ＿ F ＿；

其中：G02/G03——顺/逆圆弧插补，视螺纹左右旋而定；

X，Y——圆弧的终点坐标，由于切削螺纹时均为整圆走刀，故可以省略；

I，J——圆弧圆心相对于圆弧起点的增量（参照圆弧插补一章）；

Z——切削圆弧时Z向的进给量，等于螺距；

F——进给速度。

4）进退刀路线

如图9－32和图9－33所示，加工内螺纹时进刀应以圆弧切入为准，加工外螺纹时应以切线切入为准，主要是为了保证进退刀面的加工质量。

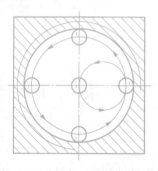

图9－32　加工内螺纹

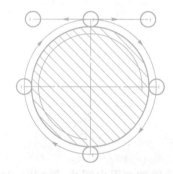

图9－33　加工外螺纹

练一练

【例9－4】　对图9－34中的螺纹进行螺纹铣削编程。

根据图9－34所示，所要铣削的螺纹为M27。查表得螺距为3 mm。根据前面学习的计算公式，螺纹小径为 $D_1 = D - 1.3 \times P = (27 - 1.3 \times 3)\,\text{mm} = 23.1\,\text{mm}$，一般由于螺纹加工时牙顶会因为挤压胀大，所以小径实际为 $D_{1实} = D_1 + 0.1P = (23.1 + 0.1 \times 3) = 23.4\,\text{mm}$。那么我们在加工之前要首先加工一个 $\phi 23.4$ mm 的孔，孔的加工方法上个任务学习过，就不介绍了。本例的参考程序如表9－10所示。

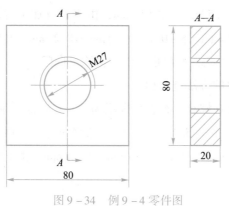

图 9 – 34 例 9 – 4 零件图

表 9 – 10 例 9 – 4 零件加工参考程序

程 序	说 明
O0001;	程序名
G54 G90 G40;	建立坐标系，绝对值编程方法，取消刀具补偿
G00 X0 Y50 Z50;	定位到建立补偿起始点
M03 S3000;	主轴正转，转速 3 000 r/min
G00 Z5;	下刀到 Z5 mm 处
G42 G01 Y0 D01 F2000;	建立刀具右补偿
G02 X13.5 R6.75 F1500;	圆弧进刀
G02 I –13.5 Z2;	切削第一圈螺纹
G02 I –13.5 Z –1;	切削第二圈螺纹
G02 I –13.5 Z –4;	
...	
G02 I –13.5 Z –22;	最后一圈螺纹
G02 X0 R6.75 F2000;	圆弧退刀
G00 Z50;	抬刀
M05;	主轴停
M30;	程序结束

以上为铣削螺纹最后一刀的程序，没有分层铣削，实际加工中要采用分层铣削的形式。

 任务实施 》》

1. 图样分析

图 9 – 16 为加工 4 个 M10 mm 螺纹，查表得螺距为 $P = 1.5$ mm，根据公式计算小径为

$D_1 = D - 1.3P = (10 - 1.3 \times 1.5)\,\text{mm} = 8.05\,\text{mm}$，由于螺纹加工时牙顶因为挤压会抬高，所以根据公式 $D_{1实} = D_1 + 0.1P = (8.05 + 0.1 \times 1.5)\,\text{mm} = 8.2\,\text{mm}$。孔定位标注在左上孔上，所以对刀完成以后首先加工左上孔，然后根据以前消除反向间隙的方法加工其余孔。由于螺纹为 M10 螺纹，适合用攻螺纹的方法进行加工。

图 9-17 为加工一个 M30 螺纹，查表得螺距为 $P = 3.5\,\text{mm}$，根据公式计算小径为 $D_1 = D - 1.3P = (30 - 1.3 \times 3.5)\,\text{mm} = 25.45\,\text{mm}$，由于螺纹加工时牙顶因为挤压会抬高，所以根据公式 $D_{1实} = D_1 + 0.1P = (25.45 + 0.1 \times 3.5)\,\text{mm} = 25.8\,\text{mm}$。由于螺纹为 M30 螺纹，适用铣削法加工。

2. 加工方案

1）装夹方案

图 9-16 和图 9-17 均可采用台虎钳装夹，定位基准以靠近台虎钳固定钳口定位。工件上表面露出钳口 5 mm 左右用于对刀，工件下用等高垫铁垫平砸实。

2）位置点

（1）工件零点。设置在矩形工件的中心。

（2）起刀点。起刀点一般选择在工件零点的上方 50 mm 处，主要的作用一是刀具靠近工件，减小快速进刀路线长度；二是可以通过定位点位置检验对刀的正确性。

3. 工艺路线确定

（1）使用盘形铣刀铣削工件上表面。

（2）图 9-16 直接换麻花钻钻削孔到合适尺寸，然后使用丝锥攻螺纹；图 9-17 使用麻花钻钻底孔，然后使用扩孔钻加工到合适孔径，再使用螺纹镗刀铣削螺纹。

（3）对于图 9-17，换 ϕ10 mm 立铣刀精加工孔。

4. 制定工艺卡片

刀具的选择见表 9-11 刀具卡。

表 9-11　刀具卡

产品名称或代号			零件名称		零件图号	
序号	刀具号	刀具名称及规格	数量	加工表面	刀具直径/mm	备注
1	T01	45°盘形铣刀	1	平上表面	80	
2	T02	麻花钻	1	钻螺纹孔	8.2	
3	T03	丝锥	1	攻螺纹	M10	
4	T04	麻花钻	1	钻底孔	18	
5	T05	扩孔钻	1	钻螺纹孔	25.8	
6	T06	螺纹镗刀	1	铣削螺纹	回转直径20	

切削用量的选择见表9-12和表9-13所示工序卡。

表9-12 图9-16工序卡

数控加工工序卡		产品名称			零件名		零件图号
工序号	程序编号	夹具名称		夹具编号	使用设备		车间
工步号	工步内容	切削用量			刀具		备注
		主轴转速 $n/(\text{r} \cdot \text{min}^{-1})$	进给速度 $f/(\text{mm} \cdot \text{min}^{-1})$	背吃刀量 a_p/mm	编号	名称	
1	平上表面	1 200	500	1	T01	45°盘形铣刀	手动
2	钻螺纹孔	815	300		T02	ϕ8.2 mm麻花钻	自动
3	攻螺纹	100	150		T03	M10丝锥	自动

表9-13 图9-17工序卡

数控加工工序卡		产品名称			零件名		零件图号
工序号	程序编号	夹具名称		夹具编号	使用设备		车间
工步号	工步内容	切削用量			刀具		备注
		主轴转速 $n/(\text{r} \cdot \text{min}^{-1})$	进给速度 $f/(\text{mm} \cdot \text{min}^{-1})$	背吃刀量 a_p/mm	编号	名称	
1	平上表面	1 200	500	1	T01	45°盘形铣刀	手动
2	钻底孔	370	100		T04	ϕ18 mm麻花钻	自动
3	扩孔	260	100		T05	ϕ25.8 mm扩孔钻	
4	铣削螺纹	3 000	2 000	根据计算		ϕ20 mm螺纹镗刀	

5. 编制程序

图9-16和图9-17所示零件的参考程序如表9-14和表9-15所示。

表 9 – 14　图 9 – 16 所示零件的参考程序

程　　序	说　　明
O0001；	程序号
G54 G90 G40；	
M03 S30；	主轴正转，转速为 30 r/min
G00 X0 Y0 Z50；	走刀到起刀点
G01 X25 Y25；	走刀到第一点
Z10；	走刀到安全平面
G99 G84 X25 Y25 Z – 20 R5 F45；	攻螺纹第一孔
X25 Y – 25；	攻螺纹第二孔
X – 25 Y – 25；	攻螺纹第三孔
X – 25 Y25；	攻螺纹第四孔
G00 Z50；	起刀到安全点
M30；	程序结束

表 9 – 15　图 9 – 17 所示零件的参考程序

程　　序	说　　明
O0002；	程序号
G54 G90 G40；	
M03 S30；	主轴正转，转速为 30 r/min
G00 X0 Y0 Z50；	走刀到起刀点
G01 Z10 F300；	走刀到安全平面
G99 G84 X0 Y0 Z – 20 R5 F45；	攻螺纹
G00 Z50；	起刀到安全点
M30；	程序结束

6. 零件加工

 任务评价

　　教师与学生评价表参见附表，包括程序与工艺评分表、安全文明生产评分表、工件质量评分表和教师与学生评价表。表 9 – 16 所示为本工件的质量评分表。

表9-16 评分表

序号	考核项目	考核内容及要求		配分	评分标准	检测结果	得分
1	M10 螺纹 (4 处)	M10	IT	8	塞规检查		
			$Ra3.2\ \mu m$	5	降一级扣1分		
2	中心距 (4 处)	50 mm	IT	4	超差0.01扣1分		
3	左上孔 位置	15 mm	IT	3	超差0.01扣1分		
4	M30 螺纹 (1 处)	M30	IT	10	塞规检查		
			$Ra3.2\ \mu m$	6	降一级扣1分		
5	螺纹位置	40 mm	IT	4	超差0.01扣1分		
总分							

项目十 **曲面的数控铣削编程与加工**

学习情境

随着制造业的迅速发展，越来越多的复杂曲面被应用于航空、汽车、造船及电子产品等行业之中。如空气动力学的飞机轮廓、汽车车身、螺旋桨片（图10-1）、发动机叶轮（图10-2）和手机外壳等。由于这些产品的设计变得越来越复杂，导致产品的加工过程变得更加困难而且费时。目前的曲面加工基本上是以自动编程为主，常见的编程软件有 UG、PRO/E、DELCAM 等，它们的造型和后处理极大地简化了编程人员的工作。

本项目主要是讲解一些简单的、有规律可循的曲面手工编程方法。对于曲面手工编程，基本上应用的是数控系统的宏程序功能，我们将在下面结合一些典型的曲面进行详细讲解。

图 10 - 1　螺旋桨片

GP7200

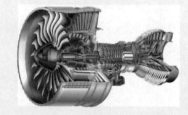

图 10 - 2　发动机叶轮

【知识目标】

◇ 熟练掌握曲面工艺路线的设计方法；

◇ 掌握曲面表面粗糙度的处理方法；

◇ 掌握常见公式曲线的编程方法；

◇ 掌握常见凸凹球面的编程方法；

◇ 掌握常见倒角的编程方法；

◇ 掌握椭圆变圆的编程方法。

【能力目标】

◇ 能正确分析零件图，能根据所加工的零件正确选择加工设备、确定装夹方案、选择刃具量具、确定工艺路线、编制工艺卡和刀具卡；

◇ 能熟练应用宏程序指令对公式曲线、三维圆弧曲面、斜面等进行编程，并操作数控机床完成零件的加工。

【思政目标】

◇ 小组学习的过程中，具备发现问题解决问题的能力；具有团队协作，提炼总结，科学合理制定、实施工作计划的能力；

榜样故事10

◇ 上机床操作具备良好的心理素质和克服困难的能力；

《大国重器》王开强：

◇ 成果展示阶段，具有进行自我批评和自我检查的能力。

云端里的"大国重器"

 任务描述

如图10-3所示，材料为45钢，毛坯为80 mm×80 mm×30 mm，分析零件的加工工艺，编制其加工程序，并在数控机床上加工。

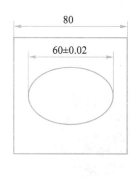
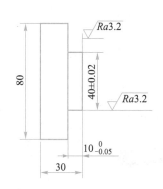

二维码 立体图视频

图10-3 公式曲线的宏程序编程

 任务分析

1. 技术要求分析

该零件图有哪些技术要求？

2. 加工方案

1）装夹方案

加工该零件应采用何种装夹方案？

2）位置点选择

（1）工件零点设置在什么位置最好？

（2）起刀点应设置在什么位置？

3. 确定工艺路线

该零件的加工工艺路线应怎样安排？

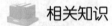 相关知识

（一）曲面加工工艺

1. 曲面基础

1）什么是曲面

曲面是一条动线在给定的条件下，在空间连续运动的轨迹。如图 10-4 所示的曲面，是直线 AA_1 沿曲线 $A_1B_1C_1N_1$，且平行于直线 L 运动而形成的。产生曲线的动线（直线或曲线）称为母线；曲面上任一位置的母线（如 BB_1、CC_1）称为素线，控制母线运动的线、面分别称为导线、导面，在图 10-4 中，直线 L、曲线 $A_1B_1C_1N_1$ 分别称为直导线和曲导线。

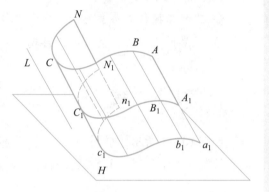

图 10-4 曲面

2）常见曲面

常见曲面如图 10-5～图 10-8 所示。

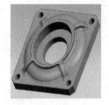

图 10-5 常见曲面1

图 10-6 常见曲面2

图 10-7 常见曲面3

图 10-8 常见曲面4

图 10-5～图 10-8 是目前机械加工中一些常见的曲面结构，在目前的机械加工中，绝大多数曲面采取软件造型、自动编程的方法写出程序，常见的编程软件如 UG、PRO/E、

DELCAM 等，种类繁多、功能全面。

本任务主要学习的是用手工方式编制曲面程序的方法。手工编制曲面程序并不能囊括所有的曲面结构，只能对一些有规律可循、有公式可依的曲面进行编程，有一定的局限性，但是采用手工编制曲面程序能节省作图时间，也可以方便地调节步距、切削用量等参数。

2. 曲面加工需要注意的一些问题

1）加工曲面所使用的刀具

机械加工中所使用的刀具多数为盘形铣刀、立式铣刀、键槽铣刀等，这些刀具加工平行或垂直于基准坐标面的表面的切削性能良好，但是对于空间曲面来说由于刀具与面的接触为点接触，所以切削性能并不好（图10-9），这就必须使用一种可以与曲面形成面接触或线接触的刀具（图10-10）以改善加工表面的粗糙度，这就产生了球头铣刀与圆鼻铣刀。立式铣刀、球头铣刀的区别如图10-11所示。

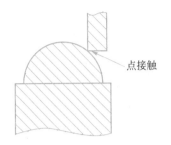

图 10-9　刀具与曲面点接触

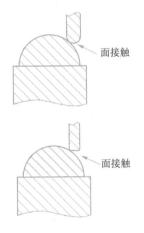

图 10-10　刀具与曲面面接触

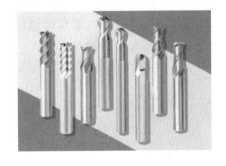

图 10-11　立铣刀与球头铣刀

2）曲面走刀路线的选择

曲面加工中，走刀路线的选择能在很大限度上决定工件的表面质量，正确选择走刀路线能改善工件的表面粗糙度。常见三轴数控铣床的走刀路线的设定有以下三种方式。

①垂直于曲面母线的走刀方式，如图10-12所示。

此种路线加工出的曲面表面刀纹平行，也叫作环绕切削，加工出的工件表面粗糙度均匀，能方便地控制表面质量。并且刀具切削力均匀，不容易损伤刀具，是一般加工中比较常用的切削路线设计方式。

②平行于曲面母线的走刀方式，如图10-13所示。

此种方式的走刀路线均平行于曲面的母线，加工出的刀路也比较均匀，粗糙度容易控制，并且此种方式编程比

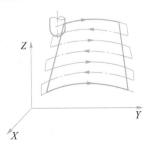

图 10-12　垂直于曲面母线
的走刀方式

较简便。这种方式的缺点是刀具的切削力不均匀，常有扎刀的现象，刀具磨损快且容易损坏。

③跟随周边的走刀方式，如图 10 - 14 所示。

此种方式的走刀路线形状与工件的周边形状相同，一般为由外向内的铣削方式，这种方式在自动编程中应用很多。优点是刀具路径短，节省加工时间。缺点是切削性能不好，刀具切削力不均匀，刀具磨损快；加工后曲面表面刀纹形状不美观，表面粗糙度不均匀，且不好调整；手工编程复杂，刀位点不好确定。所以此种方式不常使用。

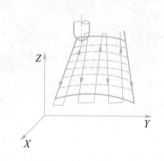 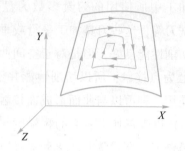

图 10 - 13　平行于曲面母线的走刀方式　　　图 10 - 14　跟随周边的走刀方式

以上为三轴数控铣床加工曲面的一些刀路设计，下面简单了解一下五轴数控机床的刀路。从理论上讲，三轴数控机床刀具可以运行到任意目标点（行程极限以内），可以对空间内的任意路线进行加工。但是三轴机床的主要缺点是刀具必须为竖直安装，刀具不能摆动，一旦遇到加工部位的上面有遮挡的情况就无法加工，所以五轴机床应运而生。图 10 - 15 简单表述了五轴机床的加工方式，仅供参考。

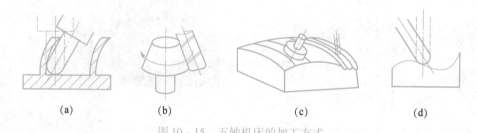

　(a)　　　　　　　(b)　　　　　　　(c)　　　　　　　(d)

图 10 - 15　五轴机床的加工方式

3）铣刀的切削速度

目前所使用刀具多为硬质合金涂层铣刀，适用于高速切削。无涂层合金刀具的切削速度在 70 ~ 90 m/min，涂层刀具根据涂层质量的不同一般在 150 ~ 260 m/min。以 150 m/min 作为对象来计算一下立铣刀、球头铣刀和圆鼻铣刀在进行曲面精加工时的主轴转速。

根据机械加工手册，主轴转速与切削速度及刀具直径的关系公式为：

$$n = \frac{v_c \times 1\,000}{\pi D}$$

其中：n——主轴转速，单位为 r/min；

　　　v_c——切削速度，单位为 m/min；

　　　D——刀具直径。

分别选择 $\phi16$ mm 立铣刀、$\phi16$ mm 球头铣刀和 $\phi16$ mm $R2$ mm 圆鼻铣刀作如下比较分析。

如图 10 – 16 所示刀具为 $\phi16$ mm 立铣刀，刀具与曲面的接触点为 A 点，此时 A 点相对于刀具旋转中心的直径 $\phi16$ mm，根据公式有

$$n = \frac{v_c \times 1\ 000}{\pi D} \approx \frac{150 \times 1\ 000}{3.14 \times 16}\ \text{r/min} \approx 2\ 986\ \text{r/min}$$

所以在此刀具允许的切削速度为 150 m/min 的情况下，在切削如图 10 – 16 所示曲面的精加工时的主轴转速选择为 2 986 r/min。

如图 10 – 17 所示刀具为球头铣刀，在加工曲面时，刀具与工件的接触点并不一定是刀具的最大直径处，在计算切削速度的时候应以 AC 线的长度为准。图 10 – 17 中 $\angle O_1CA = \angle O_1OB$，那么 $AC = O_1C \times \cos\alpha = 8 \times \cos\alpha$。

如果 $\alpha = 60°$，则 $AC = (8 \times \cos60°)$ mm $= 4$ mm，那么按照切削速度 150 m/min，此时主轴转速应选择为

$$n = \frac{v_c \times 1\ 000}{\pi D} \approx \frac{150 \times 1\ 000}{3.14 \times 8}\ \text{r/min} = 5\ 971\ \text{r/min}$$

所以此时所应选择的主轴速度为 5 971 r/min。

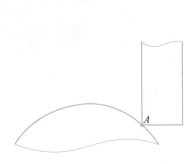

图 10 – 16　立铣刀与曲面接触点

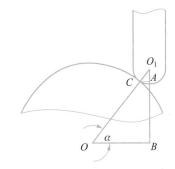

图 10 – 17　球头铣刀与曲面接触点

如果 $\alpha = 30°$，则 $AC = (8 \times \cos30°)$ mm ≈ 6.93 mm，那么此时的主轴转速应选择为

$$n = \frac{v_c \times 1\ 000}{\pi D} \approx \frac{150 \times 1\ 000}{3.14 \times 13.86}\ \text{r/min} \approx 3\ 447\ \text{r/min}$$

所以，当 α 越小时，刀具与曲面的接触点越接近刀具边缘，所需的主轴转速越低，当 α 越大时，主轴转速越高。当 α 等于 90°时，n 趋向于无穷大，也就是说，不论把 n 提高到多大的转速，当 α 为 90°时，实际切削速度都为 0，即刀具的底面刀尖的切削性能最差，不能用底面刀尖对工件进行切削。

由于球头铣刀切削性能的限制，目前圆鼻铣刀逐渐替代球头铣刀成为人多数曲面精加工的首选，圆鼻铣刀切削性能好、刀具刚性高、可重新刃磨性能好，切削方式如图 10 – 18 所示。

如图 10 – 18 所示，圆鼻铣刀的圆角为 $R2$ mm，则刀具的平底直径为 $D_{平} = 12$ mm。

当 $\alpha = 60°$ 时，刀具与工件接触点相对于刀具回转中心的直径 $D_{实} = O_1C \times \cos\alpha \times 2 + 8 = (2 \times \cos60° + 8)$ mm $= 9$ mm，则此时应选择的主轴转速为

$$n = \frac{v_c \times 1\,000}{\pi D} \approx \frac{150 \times 1\,000}{3.14 \times 9} \text{ r/min} \approx 5\,038 \text{ r/min}。$$

当 $\alpha = 30°$ 时，刀具与工件接触点相对于刀具回转中心的直径 $D_{实} = O_1C \times \cos\alpha \times 2 + 8 = (2 \times \cos30° + 8) \text{ mm} \approx 9.732 \text{ mm}$，此时应选择的主轴转速为

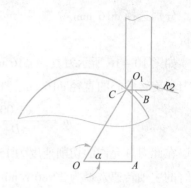

图 10 - 18　圆鼻铣刀与曲面接触点

$$n = \frac{v_c \times 1\,000}{\pi D} \approx \frac{150 \times 1\,000}{3.14 \times 9.732} \text{ r/min} \approx 4\,909 \text{ r/min}。$$

当 $\alpha = 90°$ 时，$D_{实} = O_1C \times \cos\alpha \times 2 + 8 = (2 \times \cos90° + 8) \text{ mm} = 8 \text{ mm}$，则

$$n = \frac{v_c \times 1\,000}{\pi D} \approx \frac{150 \times 1\,000}{3.14 \times 8} \text{ r/min} \approx 5\,971 \text{ r/min}。$$

从上面的计算可以看出，圆鼻铣刀随着 α 角的不同，实际的切削直径变化不大，需要的主轴转速改变也不大，即使 $\alpha = 90°$，实际的切削直径也有 12 mm。相对于球头铣刀的性能要好很多。

4）刀位点的计算

本部分仅以球头铣刀为例，圆鼻铣刀同理。图 10 - 19 ~ 图 10 - 21 为球头铣刀铣削圆角。现在就以已知条件来计算目前状态下球头铣刀的坐标（工件原点定位在工件的上表面中心）。

图 10 - 19　实体图

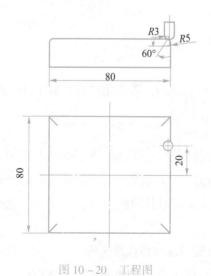

图 10 - 20　工程图

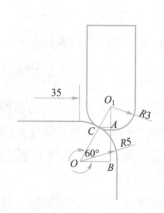

图 10 - 21　刀位点计算

首先，Y 坐标在图 10 - 20 上已经标注，坐标为 $Y20$。

下面计算 X 坐标。根据图 10 - 21，$\angle O_1OB = \angle O_1CA = 60°$，$OB = O_1O \times \cos60° = (3 +$

5）×0.5 = 4，那么目前的 X 坐标为 X = 35 + OB = 35 + 4 = 39。

（二）宏程序编程基础

1. 宏程序基础

1）宏程序概述

宏程序是指利用变量编制的数控程序。它可使得编制相同加工操作的程序更方便、更容易。用户宏程序和调用子程序完全一样，既可以在主程序中使用，也可以当作子程序来调用。宏程序也可以理解成将一组命令所构成的功能，像子程序一样事先存入存储器中，用一个命令作为代表，执行时只需写出这个代表命令，就可以执行其功能。这一组命令称为用户宏程序。宏程序分为 A 类宏程序和 B 类宏程序，A 类宏程序很少使用，目前广泛使用的都是 B 类宏程序，所以我们以 B 类宏程序作为代表来讲解。

2）变量

（1）变量的表示。

变量用变量符号"#"和变量号制定。表达式可以用来制定变量号。此时表达式必须封闭在括号中。例如：#1，# [#1 + #2 − 12]

（2）宏程序中变量的类型。

变量一共有 4 种类型，各种变量的范围和功能如表 10 − 1 所示。

表 10 − 1　变量类型

变量类型	变量号	功能
空变量	#0	该变量总是空，没有值能赋给该变量
用户变量	#1 ~ #33	用在宏程序中存储数据
公共变量	#100 ~ #199	断电时初始化为空
	#500 ~ #999	断电后数据保存，不丢失
系统变量	#1000 ~ #5335	用于读写数控机床的各种数据，如刀具当前位置

局部变量（用户变量）：所谓局部变量就是在宏程序中局部使用的变量。换句话说，在某一时刻调出的宏程序中所使用的局部变量#1 和另一时刻调用的宏程序（无论与前一个宏程序相同还是不同）中所使用的#1 是不同的。因此，在多重调用时，在宏指令地址 A 调用宏指令地址 B 的情况下，也不会将 A 中的变量破坏。

公共变量（全局变量）与局部变量相对，公共变量（全局变量）是在主程序以及调用的子程序中通用的变量。因此，在某个宏程序中运算得到的公共变量（全局变量）的结果#i 可以用到别的用户宏程序中。

系统变量：系统变量是根据用途而被固定的变量。

在宏程序中要改变某些模态信息，可以先保存进入时的模态信息，结束时再回复状态。

这样可以使数控系统保持该宏程序运行前后模态信息的一致。这样的宏程序具有很好的安全性，即使不是该宏程序的编写者也可以放心使用。

3）变量的引用

为在程序中使用变量值，在制定变量后跟变量号的地址。当用表达式制定变量时，把表达式放在括号中。例如：G01 X#1 F#［#2 + #3］

变量引用时的注意事项：

（1）用程序定义变量值时，可以省略小数点。没有小数点变量的数值单位为各地址字的最小设定单位。因此，传递没有小数点的变量，将会因机床的系统设置不同而发生变化。在宏程序调用中使用小数点可以提高程序的兼容性。

（2）被引用的变量值按各地址的最小设定单位进行四舍五入。例如，对于最小设定单位为1/1000的数控机床，当#1为12.3456时，若执行G00X#1，相当于G00 X12.346；若要改变变量值的符号引用，则要在"#"符号前加上"－"号，如G00 X－#1。

4）变量的赋值

在程序中若对局部变量进行赋值，可通过自变量地址，对局部变量进行传递。有两种形式的自变量赋值方法。形式1使用了除G、L、O、N和P以外的字母，每个字母对应一个局部变量。对应关系如表10－2所示。

表10－2　自变量形式1

自变量	局部变量	自变量	局部变量	自变量	局部变量	自变量	局部变量
A	#1	H	#11	R	#18	X	#24
B	#2	I	#4	S	#19	Y	#25
C	#3	J	#5	T	#20	Z	#26
D	#7	K	#6	U	#21		
E	#8	M	#13	V	#22		
F	#9	Q	#17	W	#23		

自变量形式2使用A、B、C各1次和I、J、K各10次对局部变量赋值，自变量2用于传递诸如三位坐标值的变量。对应关系如表10－3所示。

表10－3　自变量形式2

自变量	局部变量	自变量	局部变量	自变量	局部变量	自变量	局部变量
A	#1	I_3	#10	I_6	#19	I_9	#28
B	#2	J_3	#11	J_6	#20	J_9	#29
C	#3	K_3	#12	K_6	#21	K_9	#30
I_1	#4	I_4	#13	I_7	#22	I_{10}	#31

自变量	局部变量	自变量	局部变量	自变量	局部变量	自变量	局部变量
J_1	#5	J_4	#14	J_7	#23	J_{10}	#32
K_1	#6	K_4	#15	K_7	#24	K_{10}	#33
I_2	#7	I_5	#16	I_8	#25		
J_2	#8	J_5	#17	J_8	#26		
K_2	#9	K_5	#18	K_8	#27		

数控机床系统内部自动识别自变量1和2的类型，如果自变量1和2混合赋值，后指定的自变量类型有效。

变量的赋值方法有两种，即直接赋值和引数赋值，其中直接赋值的方法比较直观、方便，所有的具有宏程序功能的数控系统都具有变量直接赋值的功能。

（1）直接赋值。

公共变量既可以在主程序和用户宏程序中直接赋值或用演算式赋值，也可以通过操作面板由人工设定它的值（赋值）。无论用什么方法给公共变量赋值（包括用演算式所得演算结果的赋值）之后，这个变量在加工程序（包括主程序、子程序和用户宏程序）执行过程中一直可以沿用，除非中途又得到新的赋值。公共变量的值在各主程序中也通用。例如：

```
#100 =100.0
#101 =30.0 +20.0
R102 =120.0
R103 =60.0 +40.0
```

（2）引数赋值。

宏程序以子程序形式出现，所用的局部变量可在宏程序调用时赋值，然后再传递到宏程序内部，即任何引数赋值前必须制定 G 代码、M 代码等宏程序调用指令，以及以地址符 P 制定的被调用宏程序号（入口地址），这样被赋值的引数值才能被传递到宏程序中。

局部变量一般在调用宏程序的宏指令中赋值，也可以在宏程序中直接赋值或用演算式赋值。在执行中，用户宏程序内局部变量的值，最多只保留到该程序结束为止。局部变量不能在操作面板上设定。对有些系统（如 FANUC 系统），局部变量可以在屏幕上显示其即时值，而对另一些系统（如 SINUMERIK 系统）则不能。引数赋值规则见表 10 - 2 和表 10 - 3。

5）算术和逻辑运算

在利用变量进行编程时，变量之间可以进行算术运算和逻辑运算。

（1）算术运算。以 FANUC - 0i - MD 数控系统为例，其算术运算的功能和格式如表 10 - 4 所示。

表10-4 算术运算

功　　能	格　　式	备　　注
赋值	#i = #j	
加法	#i = #j + #k	
减法	#i = #j - #k	
乘法	#i = #j * #k	
除法	#i = #j/#k	
正弦	#i = SIN ［#j］	单位：（°）
余弦	#i = COS ［#j］	
正切	#i = TAN ［#j］	
反正切	#i = ATAN ［#j］	
平方根	#i = SQRT ［#j］	
绝对值	#i = ABS ［#j］	
舍入	#i = ROUN ［#j］	
上取整	#i = FIX ［#j］	
下取整	#i = FUP ［#j］	
自然对数	#i = LN ［#j］	
指数函数	#i = EXP ［#j］	
或	#i = #j OR #k	逻辑运算一位一位地按二进制数执行
异或	#i = #j XOR #k	
与	#i = #j AND #k	
从 BCD 转为 BIN	#i = BIN ［#j］	用于与 PMC 的信号交换
从 BIN 转为 BCD	#i = BCD ［#j］	

（2）逻辑运算。逻辑运算的运算符和含义如表10-5所示。

表10-5 逻辑运算

运　算　符	含　　义
EQ	等于（=）
NE	不等于（≠）
GT	大于（>）

运 算 符	含 义
GE	大于或等于（≥）
LT	小于（<）
LE	小于或等于（≤）

（3）运算的优先级。宏程序数学运算的优先次序为：函数（SIN、COS、ATAN 等）→乘、除类运算（×、÷、AND 等）→加、减类运算（+、−、OR、XOR 等）。

例如，"$\#1 = \#2 + \#3 * SIN[\#4]$" 或 "$R1 = R2 + R3 * SIN[R4]$；"运算顺序为：函数 $SIN[\#4]$ →乘$\#3$…→加$\#2$…。

（4）括号的嵌套。当要变更运算的优先顺序时，使用括号。包括函数的括号在内，括号最多可用到 5 重，超过 5 重时则出现报警。另外不管使用几重括号，都是使用中括号（[ ]）。例如，$\#1 = SIN[[[\#2 + \#3] * \#4 + \#5] * \#6]$。

（5）角度单位。在 FANUC 数控系统和 SIEMENS 数控系统中，角度以度（°）为单位。例如，90°30′表示成 90.5°。而在 HNC – 21/22M 数控系统中角度以弧度（rad）为单位，因此在进行三角函数运算时，应将角度转换为弧度。例如，计算正弦 30°值，应书写成 $SIN[30 * PI/180]$（$PI = \pi$）。

6）控制语句

在程序中可使用 GOTO、IF 语句（条件转移、如果……）、WHILE 语句（循环、当……）。

（1）无条件转移（GOTO 语句）：无条件转移到顺序号为 n 的程序段。

指令格式：GOTO n；

其中：n——顺序号（语句号字），可取 1 ~ 99999，顺序号也可用表达式表示。

例如：GOTO 1；

　　　GOTO #10；

（2）条件转移（IF 语句）：IF 后面是条件式，若条件成立，则转移到顺序号为 n 的程序段语句；否则，执行下一个程序段。例如，若$\#1$ 值比 10 大，则转移到顺序号 N60 的程序段。

指令格式：IF[#1GT10]GOTO60；

条件不成立则按程序顺序执行；条件成立则执行 N60 程序段。

（3）循环语句（WHILE 语句）：在 WHILE 语句后指定一个条件表达式。

指令格式：WHILE[条件式] DO m(m = 1,2,3)

　　　　　… 条件不成立(假)

　　　　　END m；

　　　　　…

在条件成立期间，数控系统执行 END m 后的程序；条件不成立时，数控系统执行 WHILE 之后的 DO ~ END m 间的程序。条件式和运算符与 IF 语句相同。数控系统中的 DO 和 END 后的 m 数值是指定执行范围的识别符，可使用 1、2、3；非 1、2、3 时报警。

在 DO ~ END 之间的循环识别号（1 ~ 3）可使用任意次，但是不能执行交叉循环，否则报警。

若省略了 WHILE 语句，只指定了 DO m，则从 DO ~ END 之间形成无限循环。

2. 分层铣削的编程方法

分层铣削是宏程序在数控程序中应用最多的一种编程方法。目前的数控加工，加工方法与以前有很大不同：以前的数控机床多使用高速钢刀具，主要特点是主轴转速低、进给速度慢、背吃刀量比较大；目前的数控设备多为使用合金涂层铣刀的高速切削方式，主要特点是主轴转速高、进给速度高、背吃刀量比较小。

一般在加工一个凸台或凹槽的时候，需要加工的高度高出了刀具所允许的背吃刀量，这样就需要分层进行铣削，每一层的铣削路线相同。如果按照普通的编程方法，需要将一段相同程序编制很多次，极大地增大了程序的复杂性，也降低了程序的准确度，下面根据前面学习的宏程序基础来使用宏程序进行分层铣削加工编程，如图 10 – 22 所示。

如图 10 – 22 所示，毛坯为 80 mm × 80 mm × 30 mm 长方体，现要在上面加工一个高度为 10 mm 的凸台，所用的立铣刀为 $\phi16$ mm 合金涂层立铣刀，每刀的切削深度为 2 mm，编制程序。

如上要求，这个工件的加工就需要使用分层铣削的方式，每层铣削 2 mm，一共需要铣削 5 层，如图 10 – 23 所示。

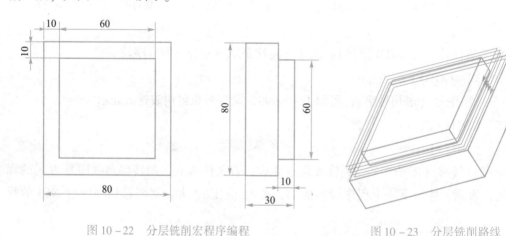

图 10 – 22　分层铣削宏程序编程　　　　　图 10 – 23　分层铣削路线

根据前面学过的宏程序基础，在编制宏程序之前，首先要找出谁是变量，以及变量的给定条件。

分析图样，得出此图分层铣削呈规律变化的是 Z 值，每次铣削 Z 值分别是 – 2、– 4、– 6、– 8、– 10，所以以 Z 值定义为变量#1，那么它的条件就是初始值为 – 2，最终值为 – 10，变化规律为从 – 2 开始每次减 2，条件是大于等于 – 10 就返回，小于 – 10 就终止循环，编程如表 10 – 6 所示。

表 10 – 6　分层铣削参考程序

程　　序	说　　明
O0001；	程序号
G54 G90 G40；	定义 G54 坐标系，绝对值编程，取消刀具补偿
G00 X – 60 Y – 60 Z5；	刀具移动的加工起点
M03 S3000；	主轴正转，转速 3 000 r/min
#1 = – 2；	设定#1 初始值 – 2
N10 G01 Z#1 F500；	刀具移动到 Z#1 位置
G41 G01 X – 30 Y – 30 D01 F1800；	建立刀具补偿
Y30；	Y 向走刀
X30；	X 向走刀
Y – 30；	Y 向走刀
X – 50；	X 向走刀
G40 X – 60 Y – 60；	取消刀具补偿
#1 = #1 – 2；	#1 递减 2
IF ［#1GE – 10］ GOTO10；	条件：若#1 大于等于 – 10 则返回到第 10 句
G00 Z200；	抬刀
M30；	程序结束

3. 公式曲线的宏程序编程方法

图 10 – 24 为在一 80 mm × 80 mm × 12 mm 的长方体的中心位置加工一个厚度为 2 mm、数学公式为 $\dfrac{X^2}{30^2} + \dfrac{Y^2}{20^2} = 1$、参数方程为 $\begin{cases} X = 30 \times \cos\alpha \\ Y = 20 \times \sin\alpha \end{cases}$ 的椭圆。

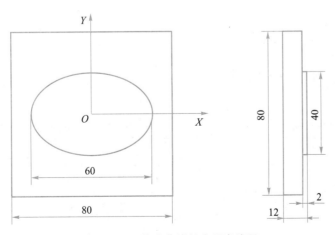

图 10 – 24　公式曲线的宏程序编程

众所周知，圆周率的计算方法是在圆上做出均匀等步的直线段，采用递推法增大直线段的数量以进行真实数值的逼近。也就是说，实际上圆是由很多个小直线组成的，如图 10 – 25 所示。

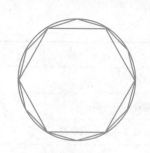

图 10 – 25　递推法计算圆弧

在数控加工中，对于圆弧及公式曲线的加工插补都是由很多个直线插补组成的。数控加工中常见的圆弧指令 G01、G02 也是一个内部宏程序。那么对于公式曲线的研究也以此为基准。

如图 10 – 24 所示的椭圆，可以把它分成无数个小线段来进行加工，那么变量可以根据数学方程以 X 或 Y 作为变量，以 X、Y 的极限坐标作为条件，由其中一个坐标来表达另一个坐标，公式可以推导成 $Y = \sqrt{20^2 - \dfrac{20^2 \times X^2}{30^2}}$，也可以以参数方程中的极角作为变量，以 0 ~ 360° 角度作为条件。

在公式曲线的宏程序编程中，可以加入刀具补偿，也可以把刀具半径计算在内。比如图 10 – 24 椭圆长半轴为 30、短半轴为 20，若加入刀具半径，则编程时可以采用长半轴为 35、短半轴为 25，程序如表 10 – 7、表 10 – 8 所示。

表 10 – 7　以数学公式编程的参考程序

程　　序	说　　明
O0001；	程序号
G54 G90 G40；	定义 G54 坐标系，绝对值编程，取消刀具补偿
G00 X32 Y0 Z5；	刀具定位到起刀点
M03 S3000；	主轴正转，转速 3 000 r/min
G01 Z – 2 F100；	Z 向落刀
#1 = 35；	设#1 为 X 初始值为 35
N10 #2 = SQRT ［25 * 25 – 25 * 25 * #1 * #1］／ ［35 * 35］；	#2 为 Y 值，通过公式算出
G01 X#1 Y#2 F1800；	以直线走刀到第一点
#1 = #1 – 1；	X 坐标每循环一次减 1
IF ［#1NE – 31］ GOTO10；	若#1 不等于 – 31，则返回到第 10 句
G00 Z200；	抬刀
M30；	程序结束
	以上程序只能加工出椭圆的上半段
O0001；	程序号

续表

程　序	说　明
G54 G90 G40；	定义 G54 坐标系，绝对值编程，取消刀具补偿
M03 S3000；	主轴正转，转速 3 000 r/min
G00 X32 Y0 Z5；	刀具定位到起刀点
G01 Z − 2 F100；	Z 向落刀
#1 = 35；	设#1 为 X 初始值，为 35
N10#2 = − SQRT［25 * 25 − 25 * 25 * #1 * #1］ / ［35 * 35］；	#2 为 Y 值，通过公式算出
G01 X#1 Y#2 F1800；	以直线走刀到第一点
#1 = #1 − 1；	X 坐标每循环一次减 1
IF［#1 NE − 31］GOTO10；	若#1 不等于 − 31，则返回到第 10 句
G00 Z200；	抬刀
M30；	程序结束
	以上程序加工椭圆的下半段

表 10 − 8　以参数方程编程的参考程序

程　序	说　明
O0002；	程序号
G54 G90 G40；	定义 G54 坐标系，绝对值编程，取消刀具补偿
G00 X32 Y0 Z5；	定位到起刀点
M03 S3000；	主轴正转，转速为 3 000 r/min
G01 Z − 2 F100；	落刀到 Z − 2 mm 处
#1 = 0；	设定极角为#1 变量，初始值为 0
N10 #2 = 35 * COS［#1］；	#2 为根据参数方程的 X 坐标
#3 = 25 * SIN［#1］；	#3 为根据参数方程的 Y 坐标
G01 X#2 Y#3 F1800；	以直线走刀到第一点
#1 = #1 + 2；	极角每循环一次增加 2°
IF［#1 NE362］GOTO10；	若#1 极角不等于 362°，则返回到第 10 句
G00 Z200；	抬刀
M30；	程序结束

练一练

【**例 10 - 1**】 公式曲线加工。如图 10 - 26 所示，编制粗加工程序，毛坯为 80 mm × 100 mm × 40 mm，刀具为 ϕ16 mm 立式铣刀，抛物线公式为 $Y^2 = -32X$。

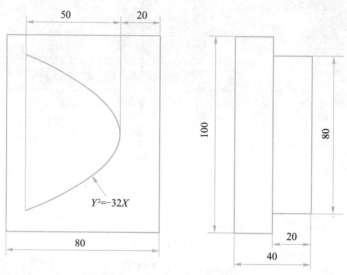

图 10 - 26 例 10 - 1 零件图

（1）此例为抛物线的宏程序加工，公式为 $Y^2 = -32X$，加工方法与椭圆的数学方程编程方式一致。为了编程方便，把工件零点对刀在交点处。

（2）切削用量。背吃刀量为 2 mm，主轴转速根据公式

$$n = \frac{v_c \times 1\,000}{\pi D} \approx \frac{150 \times 1\,000}{3.14 \times 16} \text{ r/min} \approx 2\,986 \text{ r/min}$$

约为 3 000 r/min，进给速度为 1 800 mm/min。

（3）编程。本例参考程序如表 10 - 9 所示。

表 10 - 9 例 10 - 1 参考程序

程　　序	说　　明
O0001；	程序号
G54 G90 G40；	定义 G54 坐标系，绝对值编程，取消刀具补偿
G00 X - 50 Y - 60 Z5；	定位到起刀点
M03 S3000；	主轴正转，转速为 3 000 r/min
#1 = -2；	设定深度 Z 为#1，初始值为 -2
N10 #2 = 40；	设定 Y 坐标为#2，初始值为 40
G01 Z#1 F100；	Z 向下刀
G41 G01 X - 50 Y - 40 D01 F1800	建立刀具补偿

程　序	说　明
G01 Y40；	直线走刀
N20 #3 = − #2 * #2/32；	#3 为抛物线的 X 坐标
G01 X#3 Y#2 F1800；	走刀到第一条小直线段的终点
#2 = #2 − 1；	Y 坐标每次循环 − 1
IF ［#2NE − 41］ GOTO20；	条件语句，若#2 不等于 41，则返回到第 20 句
G40 G01 X50 Y − 60；	取消刀具补偿
#1 = #1 − 2；	深度 Z 变量#1 每次循环 − 2
IF ［#1NE − 22］ GOTO10；	条件语句，若#1 不等于 − 22，则返回到第 10 句
G00 Z200；	抬刀
M05；	主轴停
M30；	程序结束

 任务实施

1. 图样分析

图 10 − 3 所示零件主要检验的是宏程序的公式曲线的编程方式，包括分层铣削、椭圆。零件材料为 45 钢，无热处理和硬度要求，表面粗糙度全部为 $Ra3.2$ μm。

2. 加工方案

1）装夹方案

毛坯为 80 mm × 80 mm × 30 mm 的长方体毛坯，长、宽、高都已经加工完成，只需要进行中间凸台椭圆部分的编程加工。采用通用夹具台虎钳装夹，下面用等高垫铁垫平砸实，工件上表面露出 5 mm 以上用于刀具对刀。

2）位置点

（1）工件零点。设置在工件上表面的长宽中心位置，这也是数控铣床绝大多数零件的通用零点。

（2）起刀点。零件毛坯尺寸为 80 mm × 80 mm × 30 mm，为防止刀具落刀时接触工件损坏刀具，根据刀具直径 ϕ16 mm，起刀点定位在（50，0，5）。

3. 工艺路线确定

（1）平上表面。

（2）分层铣削椭圆凸台。

4. 制定工艺卡片

刀具的选择见表 10 − 10 刀具卡。

表 10 – 10　刀具卡

产品名称或代号			零件名称		零件图号	
序号	刀具号	刀具名称及规格	数量	加工表面	刀尖半径/mm	备注
1	T01	盘形铣刀	1	上表面	40	
2	T02	立式铣刀	1	铣削凸台	8	

切削用量的选择见表 10 – 11 工序卡。

表 10 – 11　工序卡

数控加工工序卡		产品名称			零件名	零件图号
工序号	程序编号	夹具名称		夹具编号	使用设备	车间
工步号	工步内容	切削用量			刀具	备注
		主轴转速 $n/(\mathrm{r \cdot min^{-1}})$	进给速度 $f/(\mathrm{mm \cdot min^{-1}})$	背吃刀量 a_p/mm	编号	名称	
1	平上表面	1 200		1	T01	盘形铣刀	自动
2	铣削凸台	3 000		2	T02	立式铣刀	自动

5. 编制程序

公式曲线参考程序如表 10 – 12 所示。

表 10 – 12　公式曲线参考程序

程　序	说　明
O0001；	
G54 G90 G40；	
M03 S3000；	
G00 X30 Y0；	
Z50；	
#1 = 0；	#1 为深度变量
N10 #2 = 0；	#2 为极角，设为变量

续表

程　序	说　明
N20 #3 = #2 * COS［#2］;	#3 为 X 向坐标值
#4 = #2 * SIN［#2］;	#4 为 Y 向坐标值
G01 Z - #1 F300;	
G01 X#3 Y#4 F2000;	
#2 = #2 + 1;	
IF［#2NE361］GOTO20;	条件语句，若极角不为 361°，则返回到第 20 句
#1 = #1 + 1;	极角每次循环增加 1°
IF［#1NE11］GOTO10;	条件语句，若深度不为 11，则返回到第 10 句
G00 Z200;	
M05;	
M30;	

6. 零件加工

按表 10 - 12 所示程序加工零件。

任务评价 »

教师与学生评价表参见附表，包括程序与工艺评分表、安全文明生产评分表、工件质量评分表和教师与学生评价表。表 10 - 13 所示为本工件的质量评分表。

表 10 - 13　工件质量评分表

序号	考核项目	考核内容及要求		配分	评分标准	检测结果	得分
		工件质量评分表（40 分）					
1	椭圆	（60 ± 0.02）mm	IT	10	超差 0.01 扣 1 分		
			Ra3.2 μm	6	降一级扣 1 分		
		（40 ± 0.02）mm	IT	10	超差 0.01 扣 1 分		
			Ra3.2 μm	6	降一级扣 1 分		
2	高度	$10_{-0.05}^{0}$ mm	IT	8	超差 0.01 扣 1 分		
		总分					

附表　教师与学生评价表

考核总成绩表				
序号	项目名称	配分	得分	备注
1	程序与工艺	20		
2	安全文明生产	20		
3	工件质量	40		
4	教师与学生评价	20		

程序与工艺评分表（20分）				
序号	考核项目	考核内容	配分	评分标准	得分
1	工艺制定	加工工艺制定合理	10	出错一次扣1分	
2	切削用量	切削用量选择合理	5	出错一次扣1分	
3	程序编制	程序正确合理	5	出错一次扣1分	
总分					

安全文明生产评分表（20分）				
序号	项目	考核内容	配分	现场表现	得分
1	安全文明生产	正确使用机床	5	出事故未进行有效措施此项不得分；出事故停止操作酌情扣1~5分	
2		正确使用工卡量具	5	不规范扣1~2分	
3		工作场所"6S"	5	不合格不得分	
4		设备维护保养	5	不合格不得分	
总分					

工件质量评分表（40分）					
序号	考核项目	考核内容及要求	配分	评分标准	检测结果	得分
总分						

续表

序号	考核项目	评价情况	配分	得分
教师与学生评价表（20分）				
1	学习小组长评分		5	
2	小组间评分		5	
3	教师评分		10	
总分				

参 考 文 献

[1] 朱明松，王翔. 数控铣编程与操作项目教程［M］. 北京：机械工业出版社，2010.

[2] 姜善涛，赵明. 数控加工技术［M］. 成都：西南交通大学出版社，2012.

[3] 陈乃峰，孙梅，张彤. 数控车削技术［M］. 北京：清华大学出版社，2011.

[4] 高汉华，李艳霞. 数控加工与编程［M］. 北京：清华大学出版社，2011.

[5] 张士印，孔建，张志浩，等. 数控车床加工应用教程［M］. 北京：清华大学出版社，2011.

[6] 高晓萍，于田霞，张立文，等. 数控车床编程与操作［M］. 北京：清华大学出版社，2011.

[7] 宋凤敏，宋祥玲，张志光. 数控铣床编程与操作［M］. 北京：清华大学出版社，2011.

[8] 张丽萍，朱秀梅，穆林娟，等. 数控加工编程与操作［M］. 北京：清华大学出版社，2010.

[9] 漆军，何冰强. 数控加工工艺［M］. 北京：机械工业出版社，2011.

[10] 张方阳，陈小燕，杨世杰. 数控铣床/加工中心编程与加工［M］. 北京：清华大学出版社，2010.

[11] 彭美武. 数控加工技术基础学习指南［M］. 北京：机械工业出版社，2011.

[12] 刘力群，陈文杰. 数控编程与操作实训教程［M］. 北京：清华大学出版社，2012.

[13] 范进桢. 数控加工技术与编程［M］. 北京：清华大学出版社，2010.

[14] 田春霞. 数控加工工艺［M］. 北京：机械工业出版社，2011.

[15] 闫华明. 数控加工工艺与编程［M］. 天津：天津大学出版社，2009.

[16] 顾京. 数控机床加工程序编制［M］. 北京：机械工业出版社，2011.

[17] 王骏，郑贞平. 数控编程与操作［M］. 北京：机械工业出版社，2009.

[18] 伍伟杰. 数控加工项目进阶教程［M］. 北京：中国时代经济出版社，2013.

[19] 杨耀双，宋小春. 数控加工工艺与编程操作——车床分册［M］. 北京：机械工业出版社，2012.

[20] 高彬. 数控加工工艺［M］. 北京：清华大学出版社，2011.

[21] 姚新. 数控加工技术［M］. 北京：机械工业出版社，2011.

[22] 裴炳文. 数控加工工艺与编程［M］. 北京：机械工业出版社，2011.